彝族绿色农房营建技术

赵 祥 成 斌 著

中国建筑工业出版社

图书在版编目（CIP）数据

彝族绿色农房营建技术 / 赵祥，成斌著．— 北京：中国建筑工业出版社，2018.9

ISBN 978-7-112-22422-7

Ⅰ．①彝…　Ⅱ．①赵…　②成…　Ⅲ．①彝族 — 生态建筑 — 农村住宅 — 建筑设计　Ⅳ．① TU241.4

中国版本图书馆CIP数据核字（2018）第150503号

在新型城镇化和农村可持续发展的背景下，彝族农房的设计应当以绿色技术为基础，立足于彝族农村生产与生活相结合的功能需求。本书对彝族绿色农房设计中的节地、节能、节水、地方建材应用、结构抗震技术等方面进行了阐述，提出了适应当地环境的农房设计原则、农房性能指标和简单有效的建造技术，可作为从事彝族地区村镇建设与管理、农房设计与施工、村镇规划等工作的管理人员、技术人员、农房业主等的参考资料。

责任编辑：石枫华　李　杰　葛又畅

责任校对：王雪竹

彝族绿色农房营建技术

赵　祥　成　斌　著

*

中国建筑工业出版社出版、发行（北京海淀三里河路9号）

各地新华书店、建筑书店经销

北京点击世代文化传媒有限公司制版

北京市密东印刷有限公司印刷

*

开本：787×1092毫米　1/16　印张：9　字数：178千字

2018年11月第一版　2018年11月第一次印刷

定价：58.00元

ISBN 978-7-112-22422-7

（32295）

前言

凉山彝族人民世代依山傍水而居，利用和适应当地气候、资源、生态环境，形成了聚居的村寨、城镇，产生了具有浓厚地方特色的传统彝族农房，如草顶土墙房、生土木构房、木构瓦板房、土掌房等，并一直延续至今。

但是，这些传统形式的农房也有很多问题，诸如抗震能力差、采光通风不足、室内昏暗、功能分区不明、私密性差以及高耗能等，这使得传统农房的居住舒适性已经无法满足人民日益提高的生活水平需要。

为了推进凉山彝族聚居地区新型城镇化，研究彝族绿色农房的营造技术，加强农村住宅的节能减排，对改善彝族人民的生活环境，继承和发扬传统民族文化，创新彝族民居建筑风格，推动彝族新农村建设和可持续发展有重要意义。

本书从绿色建筑的基本要素入手，对彝族绿色农房营建的以下方面进行了研究和阐述：

节地。从选址、控制宅基地用地面积，在日照间距与道路布置、农房平面比例与层高设计方面采取有效措施，以达到节约土地资源的目的。

节能。以凉山彝族聚居地区的自然气候特点为基础，提出了一系列针对建筑节能的彝族农房绿色设计策略，包括村镇居住区的农房规划布局和单体设计。对建筑围护结构、太阳能热水器、附加阳光间、户式沼气池、生物质炉具等提出了设计原则或简单而有效的构造设计方法，并列举了常用的参考数据，供技术人员选择。

节水。描述了彝族农村规划中的集中供水、大口井或储水罐等生活供水方式和雨水收集利用、农房污水处理的方法和设备。

节材。结合凉山彝族地区地方材料的特点，针对“地方建材选用”、“优选建筑材料”、“优化建筑设计”、“建筑施工”提出了节材设计策略。

为了加强彝族农房的抗震设计，本书阐述了常见的砖混结构、木结构、夯土墙等结构形式的震害特征、抗震设计规定、节点构造措施等内容，对彝族农房的抗震设计和抗震构造措施进行了直观形象的描述。

新型的彝族绿色农房应当继承优秀的民族文化，发扬传统彝族民居的建筑风格。本书研究了传统彝族民居的色彩配置、装饰符号等的形式和含义，提出了新的设计思路和适用于新型彝族农房的立面配色、墙体与栏杆装饰、檐口与屋顶装饰等设计方案。

综上所述，本书对在新型城镇化背景下，对有关彝族绿色农房建设中的节地与节能、地方材料利用、抗震技术措施、新型彝族农房形象等多方面进行了阐述，提出了适用于当地农房的性能指标和简单有效的建造技术措施，推荐了一些方案可作为从事村镇建设与管理、农房设计与施工、村镇规划等工作的管理人员、技术人员以及农房业主等的参考资料。

本书第 1 ~ 3 章由赵祥编写，第 4 章由刘虹编写，第 5 章由高明编写，第 6 章由刘潇编写，第 7 章由成斌编写，李林、彭莎参与了图片制作、文字校对工作。本书得到四川省科学技术厅项目“四川大凉山彝区绿色农房营建技术培训（2017KZ0072）”和“四川景观与游憩研究中心项目（JGY2016012）”的资助，在此深表感谢！编著者学识有限，书中难免错漏疏忽，恳请各位读者予以批评指正。

作者

2018.3

于西南科技大学

目录

第 1 章　绪论

人类从自然界所获得的 50% 以上的物质材料，是用来建造各类建筑及其附属设施，这些建筑在建造和使用过程中，又消耗了全球 50% 的能量。中国也是如此，经过多年来的快速发展进程，我国的城乡建设规模已经很大，但建筑环境质量并不高。资料显示，在全国约 400 亿平方米的既有建筑中 95% 以上为高耗能建筑，单位建筑面积能耗是发达国家的 2 ~ 3 倍以上。目前我国每年城乡新建房屋建筑面积为 20 亿平方米。其中 80% 以上是高耗能建筑。建筑能耗高、污染严重，各类民用建筑使用能耗占社会总能耗的比例正在逐年快速增长，已经成为我国国民经济的巨大负担，成为制约我国可持续发展的突出问题。此外，在城镇建设中还存在土地资源利用率低、水污染严重、建筑耗材多等问题。

面对建筑规模不断扩大和建筑能耗迅速增加的严峻现实，发展绿色建筑是经济可持续发展的必然要求，中国建筑发展的必然方向。这就要通过建筑技术手段提高建筑的资源利用率，做到节约用能、节约用水、节约用地，减少对环境的污染。

近年来，我国高度重视绿色建筑的发展，国家制订了《绿色建筑评价标准》，住房城乡建设部于 2007 年正式启动了我国绿色建筑评价工作。虽然这项工作主要在城市范围内开展，但是由于我国农村人口基数大，住宅建设量也很大，2007 年农村新建住宅面积达到 7.75 亿平方米，其建设、使用过程也会消耗大量资源、能源，其废弃物排放也与日俱增。对农村住宅来说，绿色建筑也是必然趋势，在进行新农村建设、新型城市化的进程中不可忽视。

1.1　绿色农房的意义与必要性

我国农村人口基数大，国家统计局资料显示，2008 年全国有乡镇 3.4 万个，村庄 360 多万个；乡村总人口数 7.21 亿人，共 2 亿余户。农村住宅总量大且增长速度快，其在建设、使用过程中消耗了大量能源，碳的消耗与排放量与日俱增，这在生态环境日益恶化的今天尤为突出。在城乡一体化建设的背景下，2005 年中共中央十六届五中全会通过的《十一五规划纲要建议》提出建设社会主义新农村，并指出，长期以来农村房舍、街道建设缺乏规划，污染问题凸显，并要求在新村镇建设过程中，做一个长期规划。2006 年，中央一号文件《中共中央国务院关于推进社会主义新农村建设的若干意见》出台，新农村建设正式展开。农村住宅建设作为新农村建设的主要内容，其规划设计值得重点研究。

在此背景下，加强农村住宅的节能减排，探讨绿色农房的设计，尽量减少建筑建造、使用全过程中 CO_2 的排放，对推动我国新农村建设的低碳化发展有重要意义。

绿色建筑的“绿色”，并不是指一般意义的立体绿化、屋顶花园，而是代表一种概念或象征，指建筑对环境无害，能充分利用环境、自然资源，并且在不破坏生态平衡条件下建造的一种建筑。绿色建筑是一种可持续发展的建筑模式，它是一个能积极地与环境相互作用的、可调节的系统。建筑节能是绿色建筑的核心，是贯彻国家可持续发展战略的重要组成部分，也是我国经济工作中的战略重点之一。

1.2 实现绿色农房的途径

在《绿色建筑评价标准》GB/T50378-2014 中对绿色建筑的定义是：绿色建筑是指在建筑的全寿命周期内，最大限度地节约资源（节能、节水、节地、节材），保护环境和减少污染，为人们提供健康、适用和高效的使用空间，与自然和谐共生的建筑。建筑的全生命周期是指包括建筑的物料生产、规划、设计、施工、运营维护、拆除、回用和处理的全过程。

因为生活和生产方式的不同，农村住宅与城市住宅有一些差异。但在绿色建筑设计方面，二者要遵循的原则以及评判标准仍然是一样的。相比于城市环境，农村人口密度低，基础设施不完善，需要兼顾生产需要，这就导致绿色农房设计的着重点与城市不一样。

节地。农村住宅一般会按照户籍人数由集体分配宅基地，其面积标准各地不一，经济发达地区小，经济落后的偏远地区大，凉山彝族地区地广人稀，每户的宅基地面积可以取较大数值，但从该地区所处的自然环境来看，以不方便建设的山地和生态比较脆弱的地带为多。因此，还是应当尽量减少住宅占地面积，以便于保护生态环境。

节能。当地主要能源为水力发电，其本身属于清洁能源，本地也有较为丰富的太阳能资源可加以利用。本地居民也多从事家庭养殖等生产，所以沼气的利用也有利于节能。

节水。对于偏远地区，雨水收集与利用也是应当考虑的环节。

节材。凉山彝族地区为山区环境，交通不便，因此在建筑材料选用上应当尽量选用本地建材。当地传统民居多为木构架、小青瓦屋顶等，不利于环境保护，应当考虑以现代材料运用于建房过程中，拆除的原有材料则应当考虑尽量回收利用。

1.3 彝族绿色农房的特征与内涵

凉山彝族自治州位于四川省西南部，地处北纬 26° 03′ ~ 29° 18′，东经 100° 03′ ~ 103° 52′之间。南至金沙江，北抵大渡河，东临四川盆地，西连横断山脉。凉山州幅员 6.04 万平方公里，辖 16 县 1 市。境内居住着彝、汉、藏、回、苗、蒙古、傈僳、傣、纳西、布依、壮、白、满、土家等 14 个民族，总人口 515 万，其中彝族人口占 51.7%，汉族人口占 44.98%，其他少数民族占 3.32%，是全国最大的彝族聚居区，是四川省民族类别最多、少数民族人口最多的地区（图 1-1、图 1-2）。各民族居住地的分布差异较为明显，彝族主要分布在安宁河以东的大小凉山腹心地区，不同的分布格局造就不同的地方民风民俗，有摩梭文化、彝族文化、阿都风情，以及闻名全国的火把节、彝族年等重大节庆活动。

图 1-1 凉山彝族人口聚居区域

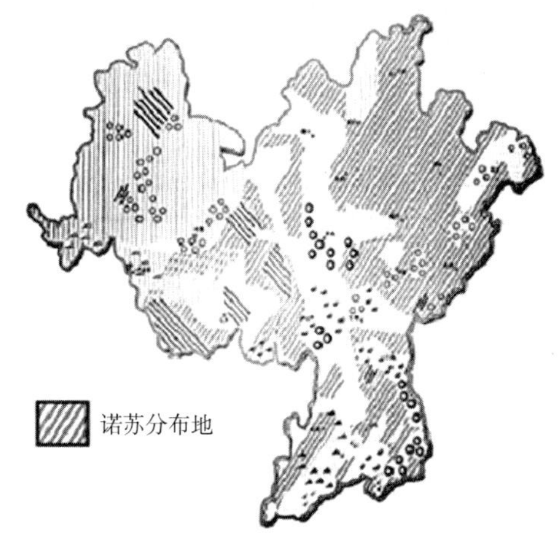

图 1-2 凉山彝族人口散居分布

1.3.1 彝族传统民居特点

凉山州境内地貌复杂多样，地势西北高，东南低。高山、深谷、平原、盆地、丘陵相互交错，有海拔最高为 5958m 的木里县恰朗多吉峰，最低的雷波县大岩洞金沙江谷底 305m，相对高差为 5653m。凉山州属于暖温带湿润气候区，干湿分明，冬半年日照充足，少雨干暖；夏半年云雨较多，气候凉爽。这里地理环境复杂多变，气候的垂直、水平差异明显。

在大小凉山地区独特的地形、气候条件下，产生了具有浓厚地方特色的传统彝族农房建筑类型，大致分为以下几类。

（1）草房

早期凉山彝族住房形式，土木结构，以石块垫基，夯土筑墙，围合为四方形状，这种草房过去多用竹篾编制蔑笆作墙，后来改为夯筑土墙，墙中设有经加工的结实圆木或方木为柱。

（2）生土木构房

凉山彝族主要住宅形式，以木柱梁及木屋架作为房屋的骨架，木构件之间以榫卯方式连接，生土夯筑墙体（或竹笆墙、木板墙），可减弱外界恶劣气候的影响并加强房屋安全性。土墙与木梁架共同构成复合体系，支撑屋面的屋架各构件。屋面材料为杉木板（当地称为瓦板），代表浓厚的凉山彝族建筑民族特点。这种住屋形式极好的适应了凉山地区的气候环境特点，充分利用了当地的自然资源（图 1-3）。

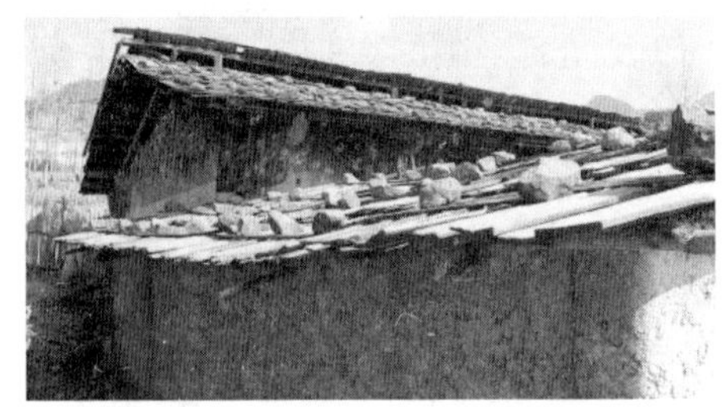

图 1-3 彝族生土木结构民居

图 1-4 彝族的木构瓦板民居

（3）木构瓦板房

凉山彝族人民创造了层层出挑的搧架式木结构，解决了大跨度的结构问题，成为凉山彝族民居结构中最富特色的形制。由于搧架结构的出现，柱子的布局更为灵活，可以根据实际情况采取增减，客观上令空间布局更富有灵活性。木构瓦板房的纯木质墙体或木板墙加土墙的双层墙体具有保暖和安全的作用（图 1-4）。

此外，从村寨的聚落到住宅的选址（图 1-5），从室内空间布局到居室功能，从建筑结构构造到装饰，受到彝族传统文化习俗的影响。其装饰艺术多表现在木结构构件的雕刻如立柱、垂柱、斗拱、挑檐坊坊头等（图 1-6、图 1-7）。

图 1-5 凉山彝族民居村落

图1-6　凉山彝族民居的榫卯结构

图1-7　民居木料构件

1.3.2　彝族绿色农房的特征

基于绿色建筑的基本原则，新时代的彝族绿色农房的设计、建造也应当立足于当地的资源与环境条件，尊重长久以来形成的民族文化，在显著提高农村居住环境质量的同时，兼顾资源节约与环境保护，并应立足于凉山彝族地区经济结构单一（以农业为主）、生态环境脆弱、建造技术不高的现实条件，追求在其全寿命周期内技术经济的合理化和综合效益的最大化。

在进行彝族绿色农房设计时，应遵循因地制宜的原则，平衡建筑全寿命周期的生态效益与短期使用目标的关系，评估建筑场地、建筑规模、建筑形式、建筑技术与投资之间的相互影响，综合考虑安全、耐久、经济、美观、健康等因素，采用有利于促进建筑与环境可持续发展的场地、建筑形式、技术、设备和材料。

凉山彝族聚居地区的地理环境、自然资源、经济发展与社会习俗等都与汉族存在差异，彝族绿色农房要重点关注生产行为对资源和环境的影响，因此其设计应因地制宜，注重考虑山地特点，分析建筑所在地域的气候、资源、经济、文化等特点，考虑建造技术的可行性，特别是技术的本土适宜性，以实现极具地域特色的绿色建筑设计。彝族农房的形式应结合本地域传统民居建筑在利用和适应气候、资源、生态环境等方面形成的特点，与当地乡土环境在形象及文化上能够取得融洽关系。

1.3.3　彝族绿色农房的内涵

1. 合理选址，适度集聚

彝族绿色农房建设的选址应避开地质复杂、地基承载力差、地势低洼的地区和可能受风灾、洪水、滑坡、泥石流和雷电侵袭等自然灾害影响的地段，选址应优先选取具备便利公共交通网络的地段，其住区出入口的设置也应与城镇交通网络有快捷方便的联系。

农房规划布局时，应结合彝族“家支文化”和农村新型城镇化的要求，适当小规模聚居以便提升公共服务设施的服务效率。集聚模式应根据所处地段及外部交通条件，采用“沿等高线”、“背山沿河”、“顺应交通线”、“院落组团”等组织方式。新民居还可以探索诸如联排、叠拼、集合住宅、单元式等规划布局形式，以应对新型城镇化的需要。

绿色农房建设应尽量保持原有地形地貌，减少高填、深挖，不占用当地林地及植被，保护地表水体。山区农房宜充分利用地形起伏，采取灵活布局，形成错落有致的山地村庄景观。滨水农房宜充分利用河流、坑塘、水渠等水面，沿岸线布局，形成独特的滨水村庄景观。

2. 兼顾生产，保证健康

新型的彝族绿色农房，必须要处理好生活与生产的关系，满足农户现代化农业生产的需要。基于凉山彝族聚居地的现实条件，很多的农户生产地点与居住地是很接近的，无法做到完全分离，那么农房中必然包含一部分的生产空间，不仅要考虑养殖空间（猪圈和鸡舍）等传统产业，也要考虑鲜活农产品的存放、加工（例如水果的初级包装）等现代农业生产的空间需求，存放农具的空间除了小型农具，还要兼顾车辆的入户等，因此院落设计也要便于农用车、家庭轿车等机动车进出。

建筑宜坐北朝南，可适当偏东或偏西布置，使住宅获得良好的日照、通风，为居住者健康考虑，绿色农房的日照间距比例（农房前后排间距与前排农房高度比）宜不低于 1∶1。在农房内部的功能分区上，人、畜所用空间应严格分离，畜禽栅圈不应设在居住功能空间的上风向位置和院落出入口位置。

3. 资源节约与再利用

凉山彝族农村大部分聚居点远离城市，建设条件差，在建造过程中应充分利用本地建材如木、石、竹、土等。为节约造价，农村建房多为拆旧建新，拆下来的原有建材如木构件、屋面瓦、墙体材料等也应当加以合理利用。农业生产的废弃物如秸秆、牲畜粪便等可以用沼气池气化后加以利用，雨水可经过蓄水、过滤等简单流程净化后用于农业灌溉、庭院种植。凉山地区气候温和、太阳能资源丰富，把农房设计与太阳能热水器安装相结合就能节约用电。通过精细设计，不仅可以降低施工技术要求，也降低了农户的负担，并实现了资源节约与再利用的绿色建筑目标。

第2章　彝族农房选址与节地策略

随着城镇化、工业化的快速发展，农村的耕地资源日趋紧张，因此，节约土地包括节约农村地区的住宅建设用地具有非常重要的战略意义。

2.1　基地选址

彝族聚居的村落，由于人口规模小以及自然条件限制、交通不便等，导致用地松散、规划布局零乱，公共基础设施数量不足、利用率不高，居住环境质量差。分散的自然村落布局不利于农村土地的集约化使用，也不利于接受城市辐射和基础设施和公用设施的高效利用。随着我国新型城镇化的进一步发展，农村人口有继续向各大城市及小城镇大规模集聚的趋势，因此绿色农房住区的规划应该优先选址于交通条件较为方便的乡镇，以便于适当规模的集中建造，实现多户住宅共建，达到节地目标。在山地建设也要考虑少占耕地。

为了节约用地，农房建设选址应立足于先搞好原有老旧村镇社区的改造与利用而不是大量开辟新区，在改造“空心村”迁村并点、移民建镇时利用坡地、山地建设镇区和村落，把分散的原宅基地复耕或还林、还草，这是盘活土地存量、提高居住用地的利用率的有效途径。

2.1.1　选址技术要求

科学合理的建设用地选址是绿色农房开发建设和良好居住环境的基础，也与节地效果密切相关。彝族村寨多地处山地、坡地，建设场地地质条件相对复杂，其选址应符合以下的技术规定，并应有合适的市政基础设施条件。

2017年3月1日起施行的《四川省农村住房建设管理办法》中规定农村住房选址应当满足以下要求：

……

第八条，农村住房建设应当符合城乡规划、土地利用总体规划，并根据需要合理编制村庄建设规划；科学选址，充分利用原有宅基地、空闲地和其他未利用地，禁止占用基本农田、饮用水水源保护区，避免占用耕地、天然林地、公益林地。合理避让地震活动断裂带、地质灾害隐患区、山洪灾害危险区和行洪泄洪通道。

乡（镇）人民政府应当依据乡村规划和地质灾害普查分布图等，对重新选址的农村住房宅基地及其相邻区域的地质、地理环境进行安全性评价。确需进行安全性评估的，由县（市、区）人民政府组织国土资源、住房城乡规划建设、水利、林业、防震减灾等部门进行安全性评估。

第九条，农村住房建设应当与公路建设相协调，与公路保持规定的距离。在公路两侧建筑控制区内，禁止进行农村住房建设以及堆放砂石、砖瓦等建筑材料。公路建筑控制区划定前已经合法修建的农村住房，不得进行扩建和危害公路路基基础安全的改建。

……

因此，彝族绿色农房的建设在选址时应避开可能产生洪水、泥石流、滑坡等自然灾害的地段；应避开地震时可能发生滑坡、崩坍、地陷、地裂、泥石流及地震断裂带上可能发生地表错位等对工程抗震危险的地段；应避开容易产生风切变的地段；利用裸岩、石砾地、陡坡地、塌陷地、沙荒地、沼泽地、废窑坑等废弃场地时，应进行场地安全性评价，并应采取相应的防护措施。

其次，场地的交通出行条件应该满足车行、人行安全。住宅的建设地段要满足日照、通风、朝向、保暖、防噪声、景观等条件达到居住方便、安全舒适、利于管理的要求。“背山面水”的地段在夏季依靠水体降温作用而获得凉风，冬季依靠山体阻挡寒风而保暖，是较为理想的农宅建设选址，同时依山傍水也便于农业生产和运输（图 2-1）。

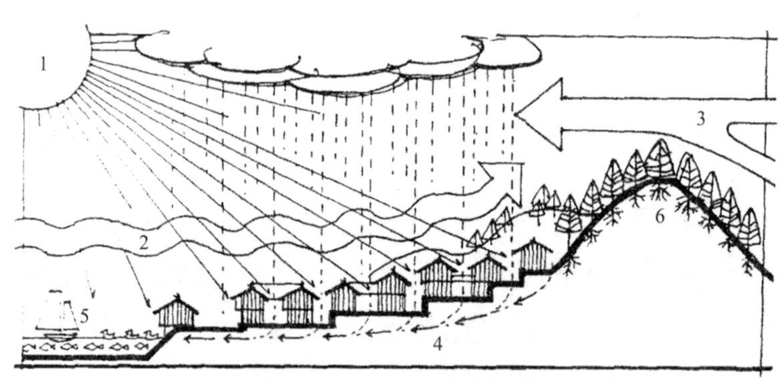

图 2-1　风水文化中理想居住环境图解

1—良好日照；2—接受夏日南风；3—屏挡冬日寒流；4—良好排水；5—便于水上联系；6—水土保持调节小气候

在彝族聚居地区，很多地方的开发强度不高，自然生态环境较好，因此在场地选址时应对场地的生物资源情况进行调查，保持场地及周边的生态平衡和生物多样性。在规划设计前期应调查场地内的植物资源，保护和利用场地原有植被，对古树名木采取保护措施，维持或恢复场地植物多样性；应调查场地和周边地区的动物资源分布及动物活动规律，规划有利于动物跨越迁徙的生态走廊；应保护原有湿地，可根据生态

要求和场地特征规划新的湿地。对于那些建设中无法避免的占地，应在规划设计中采取技术措施，恢复或补偿原有生物生存的条件。

2.1.2　坡地利用

彝族聚居的传统村落多分布于山地、丘陵间，随山势而上，并在村落周围开辟耕地，住房与院落依山而建，村落选址和农房建设善于利用自然的山地地形，而不侵占大片耕地，具有一定的节地效果。为节约良田，绿色农房用地应该尽可能选址于耕作条件不佳的山坡地或者废弃的空地，利用坡地建设农房还可以合理缩减日照间距，更有利于节约耕地。

适宜建造住宅的坡度范围在 3% ~ 50% 之间，但是坡度超过 25% 时即成为陡坡，道路布局困难，住宅平面布局受限很大，建设很不经济。对于坡度较大的地形，需将场地处理为台阶后将建筑置于平整地段，或采取特别的建筑形式跨越较大的坡度（表 2-1）。

坡地分类与农房用地布局　　　　表 2-1

坡地类型	坡度	农房用地布局
平坡地	< 3%	道路及建筑均可自由布局，但需要保持排水顺畅
缓坡地	3% ~ 10%	场地无需平整为台阶，车道可自由布置，建筑群布局不受影响，底层可提高勒脚适应地面坡度。
中坡地	10% ~ 25%	场地需平整为台阶状，车道不宜沿等高线布置，建筑群布局受影响，底层地面筑台时要考虑基础埋深。
陡坡地	25% ~ 50%	场地平整需考虑等高线，车道需与等高线成角度布置，建筑布局宜与等高线垂直或成角度布置以减少土方工程量。
急坡地	>50%	车道上坡困难，需曲折盘旋而上，建筑宜布局宜与等高线垂直并作掉层、错层处理以减少土方工程量。

坡地住宅的布局一般有三种方式，即平行等高线法、垂直等高线法、等高线斜交法，如下：

（1）平行等高线法。将住宅沿等高线展开，二者相互平行形成行列式布置。住宅顺应等高线，其基地处理的土方工程量小，道路及管线易于铺设，一般适合 15% 以下的缓坡（图 2-2）。在北高南低的向阳坡地上，后排住宅较前排自然升高，较小的楼间距就可使住宅获得充分日照，节地效果明显。在南高北低的坡地上，要调整前后排住宅的层数，以免日照间距过大。坡地前后排台阶的高差形成的底部空间可作为停车、储藏、商业等辅助空间，可进一步节约用地。

（2）垂直等高线法。适用于 15% 以上的均匀坡地。由于坡度大，平行等高线的布置方式会使得平整场地的土方量巨大，很不经济。为减少土方量，宜与地形结合，将住宅垂直于等高线方向布置。可将每户农房单体垂直跨越等高线布置，形成台地式剖面空间布局，或是将几户农房组合成联排式，分户垂直于等高线方向错列布置为阶梯式，形成随地形在不同标高的台阶上分户入口的方式（图 2-3）。

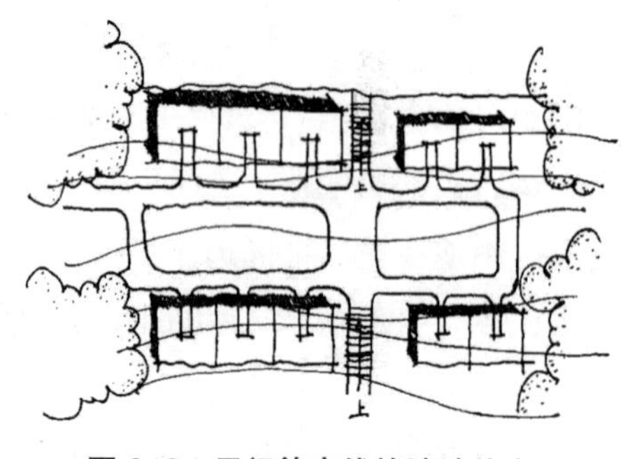
图 2-2　平行等高线的坡地住宅

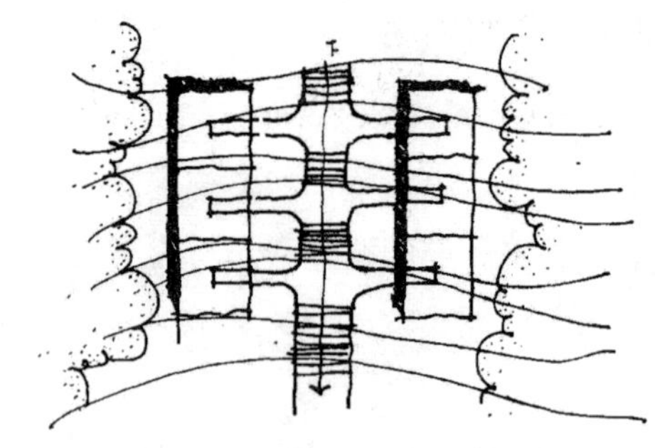
图 2-3　垂直等高线的坡地住宅

（3）斜交等高线法。根据地形坡度的大小，农房沿着与等高线既完全不平行也不完全垂直的斜交方向布置，可根据日照、通风要求调整住宅方位以获得良好朝向。

在彝族聚居村落布局设计中，应据实际地形综合分析坡度大小和土石方工程量，结合道路交通条件以及户型变化，选择合理的坡地利用方式，以节约用地，降低造价。表 2-2 内列出了常见的坡地建筑处理方式，可供农房建设方案选择时作为参考。

常见坡地建筑处理方式　　表 2-2

地下式		
地表式	倾斜型	全部勒脚　局部勒脚　阶梯式勒脚　提高勒脚
	阶梯型	错层　掉层
		单元建筑　跌落　单元层面　错叠
架空式	架空型	架空
	吊脚型	吊脚

在山区进行建设，应对场地地表水流量、雨水径流进行评估和规划，以回避滑坡、泥石流等地质灾害。应合理规划场地，因地制宜地采取雨水收集与利用措施，加强雨水渗透补给，保持地下水自然涵养能力，避免水土流失。

2.2　节地布局设计

在彝族绿色农房建设的规划设计中，控制容积率、建筑密度、人均建设用地指标、宅基地面积标准、居住用地指标对于集约利用土地，达到村镇住宅节地目标，具有重要的实际操作意义。

2.2.1　合理的容积率和建筑密度

一般情况下，容积率计算公式是，容积率 = 总建筑面积 / 总用地面积，是指项目用地范围内总地上建筑面积与总用地面积的比值，其中用地面积指建筑或建筑群实际占用的土地面积，包括室外工程（如绿化、道路、停车场等）的面积，其范围为项目用地红线。

建筑密度的计算公式是，建筑密度 = 建筑占地面积 / 总用地面积 ×100%，建筑密度的大小可以反映出一定场地内建筑的密集程度。

提高建设用地的容积率和建筑密度是节约用地的两项直接措施。对于确定的容积率标准，住宅的套均建筑面积标准越小，所能建设的住宅套数越多，节地效果越明显。但考虑到农房所处环境和其同时满足生产和生活需要的要求，农房套内面积比城镇住宅大是合理的，不能单纯因为节地原因而过多压缩农房的套均建筑面积，以免影响居住者的生活。

在确保日照、防灾、疏散、私密性等要求前提下，适度提高容积率及建筑密度可以显著提高土地的使用强度和利用效率。2001 年中国建筑技术研究院编制的《村镇示范小区规划设计导则》在全国调查的基础上提出了村镇小区容积率控制指标和建筑密度控制指标（表 2-3），具有一定的参考价值。

村镇小区容积率控制指标和建筑密度控制指标　　表 2-3

村镇类型	农房类型	容积率	建筑密度（%）
集镇	低层	0.5 ~ 0.7	20 ~ 35
	低层 - 多层	0.7 ~ 0.9	20 ~ 29
	多层	0.9 ~ 1.05	18 ~ 25
中心村	低层	0.45 ~ 0.65	20 ~ 32
	低层 - 多层	0.65 ~ 0.85	18 ~ 26
	多层	0.85 ~ 1.0	17 ~ 22

2.2.2 控制宅基地面积与形状

农村宅基地一般指农村居民用于建设住宅、厨房、厕所等设施的土地及庭院用地，农村宅基地属于村庄居住建筑用地的组成部分，承载着农村居民的生活和生产活动。宅基地面积是农村住宅设计中区别于城市住宅的关键要素，合理控制宅基地的面积对于农村住宅节地意义重大。在农民自发建设住宅的情况下，宅基地面积都较大，但随着农村人口向城市转移以及生产方式的变化，宅基地的面积也应作出相应的调整。

1999 年 12 月 10 日，四川省第九届人民代表大会常务委员会公布并施行的《四川省〈中华人民共和国土地管理法〉实施办法》中第五十二条规定：

农村村民一户只能拥有一处不超过规定标准面积的宅基地。宅基地面积标准为每人 20 ~ 30m^2;3 人以下的户按 3 人计算,4 人的户按 4 人计算,5 人以上的户按 5 人计算。其中，民族自治地方农村村民的宅基地面积标准可以适当增加，具体标准由民族自治州或自治县人民政府制定。

扩建住宅所占的土地面积应当连同原宅基地面积一并计算。新建住宅全部使用农用地以外的土地的，用地面积可以适当增加，增加部分每户最多不得超过 30m^2。

对于民族自治地方农村村民的宅基地面积标准，1993 年 7 月 9 日凉山彝族自治州第六届人民代表大会常务委员会制定并通过了“凉山彝族自治州施行《四川省土地管理实施办法》的变通规定”，其中第四条对城镇、农村居民及回乡落户的人员新建住宅用地面积标准规定为：

（一）城镇居民以正住人口新旧房合并计算，人均标准 16m^2。三人以下一户的可按三人计算；五人以上一户的按五人计算。

（二）农村居民或回乡落户的人员，以正住人口新旧房合并计算，一人一户的 50m^2；二人一户的 70m^2；三人一户的 80 ~ 90m^2；四人一户的 100 ~ 120m^2；五人一户的 120 ~ 150m^2;五人以上住户每户可增加 20m^2。雷波、布拖、金阳、昭觉、美姑、越西、喜德、甘洛、普格、盐源、木里十一县和其他县、市的民族乡，按上述标准，每户可增加 10m^2。

城镇和农村居民或回乡落户的人员申请新建住宅，凡是能利用旧宅基地的，不得新占土地；确实需要新占土地的，应尽量利用非耕地，少占或不占耕地。全部利用非耕地的，城镇每户可增批 20m^2，农村每户可增批 30m^2。

在进行彝族绿色农房建设时，宅基地面积标准应当符合四川省以及当地政府的控制性指标，不应随意突破，并应符合当地规划部门批准的设计条件。

实际上，宅基地面积并非越大越好。在城镇化不断推进，各种专业服务设施随信息化社会发展而逐步深入农村的背景下，过大的占地面积不仅浪费土地，也会使农房本身的使用面积利用效率不高。根据实践经验和对全国村镇住宅设计方案（实例）宅

基地面积的统计，将宅基地面积控制在 150m² 左右就能做到使用功能合理且平面布置灵活（图 2-4），对于占用荒山坡地作宅基地的，面积可适当放宽。

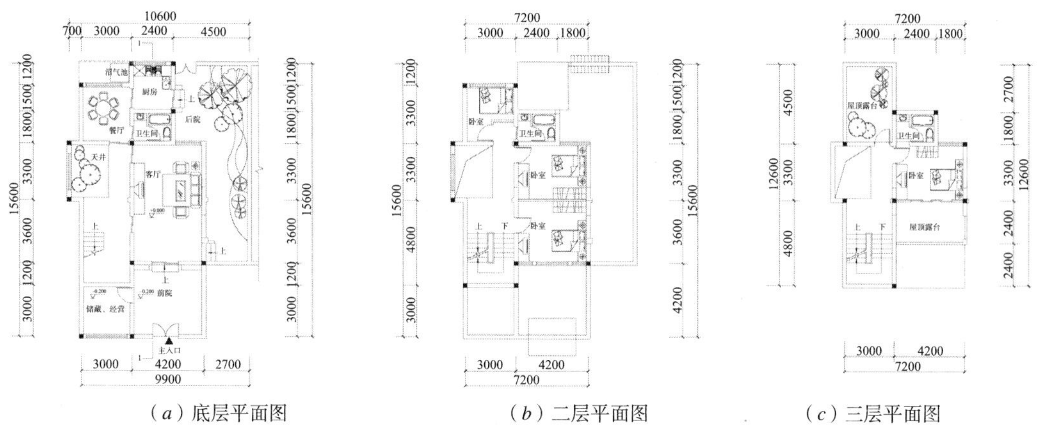

（*a*）底层平面图　（*b*）二层平面图　（*c*）三层平面图

图 2-4　宅基地面积 150m² 以下的农宅平面图

在确定的宅基地面积下，宅基地形状对于节地效果有明显的影响。有研究表明，在一块同样大小的矩形用地内，用地面积完全相同的矩形宅基地的面宽，从东西向 6.6m 起，每增加 0.6m 为一组，直至面宽增至 12.5m，形成方形宅基地，即 12.5m × 12.5m，面宽最小的宅基地，户均用地最小。从统计分析结果来看，东西向面宽小的矩形宅基地更加节地，其中 7.2m × 21.7m 的矩形宅基地比较正方形的宅基地不仅可以多布置 4 户住宅，而且日照间距也更大。因此，在农房规划设计阶段，就应该尽量控制宅基地的面宽，以节约每户用地面积。图 2-5 的农房户型，是典型的小开间

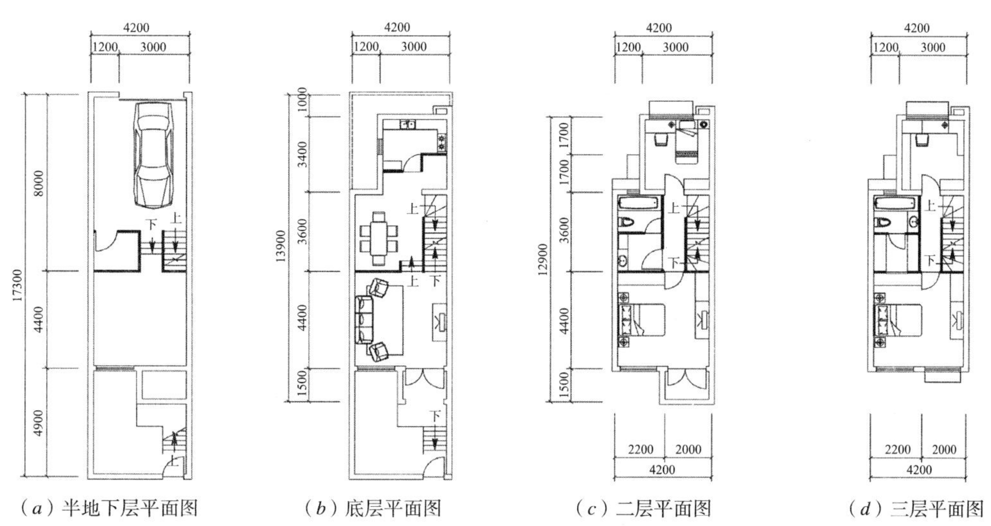

（*a*）半地下层平面图　（*b*）底层平面图　（*c*）二层平面图　（*d*）三层平面图

图 2-5　小开间农宅平面图

大进深平面，其开间轴线尺寸 4.2m，进深轴线尺寸为 17.3m，但其房间面积与数量都能满足 4 ～ 5 口人的家庭的需要。

2.2.3 农房平面比例与层高

农房自身平面的比例如长宽比，对节地效果也有影响，对于确定面积的宅基地，不同比例的平面，建设农房的套数也是不一样的，因此要取得较好的节地效果，应当对每户农房确定合理的面宽和进深。

农房的面宽一般指一套房的东西山墙之间的距离，进深则是指一套房南北外墙之间的距离。住宅的面宽取决于多种因素如宅基地的形状、建筑面积的大小、房间数量的多少、房间的使用功能等，面宽的设计取值需要综合平衡这些因素。

南向有很好的日照，在我国绝大部分地区都是最理想的朝向，因此一般情况下，农房的南向面宽越大，居住条件越舒适。但对于一定的城镇建设基地内住宅布局来说，每户南向面宽越大，能安排的住户数越少，因此应该控制每户的面宽进而提高土地利用效率。

对于面积一定的农房平面设计，其进深与面宽此消彼长，互相影响，虽然压缩面宽、扩大进深有一定的节地效果，但是进深并不是越大越好。据研究，在确定的用地范围内，住宅进深在 11m 以下时每增加 lm，每公顷用地可增加建筑面积 1000m^2 左右，在 11m 以上时，建筑面积增加效果不明显。而进深过大将造成房间长宽比例失调、自然通风组织困难、户内交通流线过长不方便使用等问题。因此，在设计中必须综合考虑面宽和进深的关系，在节地的同时确保居住的舒适性。

从节地、节能的角度来看，集中建设的多户组合式农房，以板式住宅为佳，因其大大减少了不同幢住宅之间的侧向间距，越长越利于节地。同时板式住宅减少了外墙面积，降低了能耗。据计算："住宅长度在 30 ～ 60m 时，长度每增长 10m，每公顷用地可增加建筑面积 700 ～ 1000m^2，超过 60m 时效果不显著"。而住宅的长度选择要全面考虑地形、交通与消防、结构抗震等各种因素。

农房层数和层高的选择也很影响住区的节地效果，有研究指出"8 层以下的住宅，增加层数能节约较多的用地，……住宅层数从 5 层增加至 7 层，用地大致可节约 75% ～ 95%……"。对于村镇住宅，独立式住宅一般宜为 2 ～ 3 层，联排式住宅的层数一般宜为 3 层，单元式住宅的层数则一般为 3 ～ 6 层，具体的层数应根据各地的实际情况例如气候地形条件、日照间距、社会文化等因素确定。凉山彝族地区，主要产业为农业、牧业等，有生产工具、农作物等需在楼层上下搬动，且彝族传统民居也以平房为主，楼房层数也很低，因此彝族新型农房层数也不宜过高。

层高是指住宅内上下相邻两层楼面或楼面与地面之间的垂直距离。《住宅设计规范》GB 50096—2011 中规定"城镇住宅的层高宜为 2.80m。卧室、起居室（厅）的室内净

高不应低于 2.40m，局部净高不应低于 2.10m，且局部净高的室内面积不应大于室内使用面积的 1/3。利用坡屋顶内空间作卧室、起居室（厅）时，至少有 1/2 的使用面积的室内净高不应低于 2.10m。厨房、卫生间的室内净高不应低于 2.20m。”而层高取值对节地效果也有较大影响，据分析，住宅层高每降低 10cm，就能节约用地 2%，降低造价 1%。农房层高可参照上述设计要求，但因为地处乡村，条件比较宽松，人们习见的层高普遍高于 3m，加之农村社会相互攀比的心理影响，有的层高甚至达到 3.6m 以上。层高过高会导致建筑高度过高，不利于节地、节能、节材，增加农户的经济负担。事实上，通过对农房室内空间的合理划分与安排（例如利用地形高差、利用坡屋顶空间、另设储存空间等），将楼层高控制在 3m 是完全可行的。考虑到农户生产储存或破墙开店的需要、与周边相邻农户的比较、堂屋祭祀等因素，底层层高可较楼层适当放宽，依据房间面积大小，在 3m ~ 3.6m 范围内均为合理。但集中建房的农户往往有类似“房屋底层高度低，就会低人一等”这样的攀比心理，因而将底层高度不适当的加大，这对于村镇面貌、节约造价和材料等都无益处。这就需要设计人和村镇建设管理者们将工作做得更加细致，做好解释工作，树立农宅设计好的样板和审美的好风气。

对于彝族村寨、城镇住区的集中规划布局而言，为了减少前后排的房屋间距以节约用地，设计中经常将顶层做成南高北低、北侧退台的台阶式外形，北侧退后形成的平屋顶可作为露台，可作为晒台（图 2-6）。

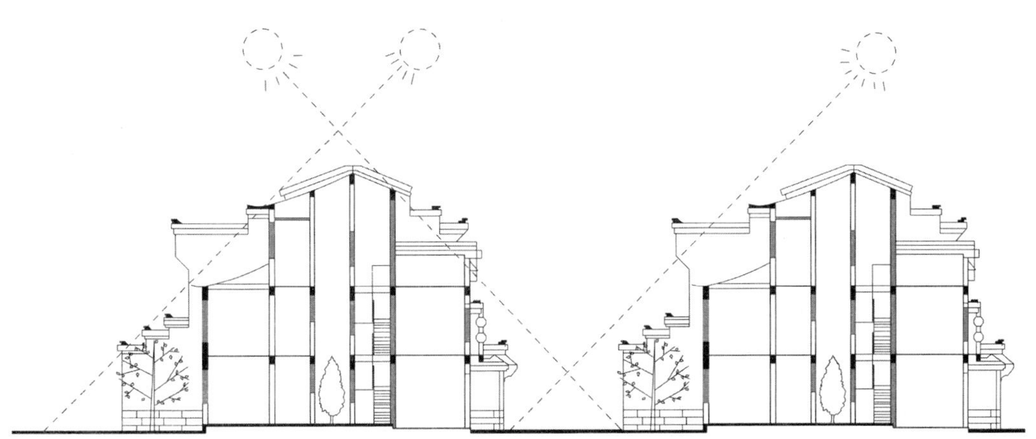

图 2-6　北侧退台的台阶式农房

2.2.4　日照间距与道路布置

在彝族村镇集中建设农房时，日照间距（满足日照标准要求的住宅之间的间隔距离）大小是影响总体布局的重要因素。在有关规范中，依据建设地点所处气候区和城市不同而变化，以大寒日或冬至日城镇住宅得到日照小时数作为日照标准，但是计算过程复杂。为简化设计，可以用控制前后排的正南向的正面间距 L 来满足农房的日照标准，该间距可咨询当地城乡规划行政主管部门有关的城镇规划技术要求。在农房总图布局时，将其正面偏离正南方向取南偏东或偏西方向，则日照间距可在标准日照间距的基础上予以适当折减（表 2-4）。当用地位于南向坡地上时还可以进一步缩小前后排房屋间的距离，增加冬季日照范围，达到节地效果（图 2-7）。

不同方位的日照折减系数 **表 2-4**

方位	0° ~ 15°	15° ~ 30°	30° ~ 45°	45° ~ 60°	> 60°
日照间距	1.0L	0.9L	0.8L	0.9L	0.95L

注：1. 表中方位为正南向偏东、偏西的方位角。

2. L 为当地正南向住宅的标准日照间距。

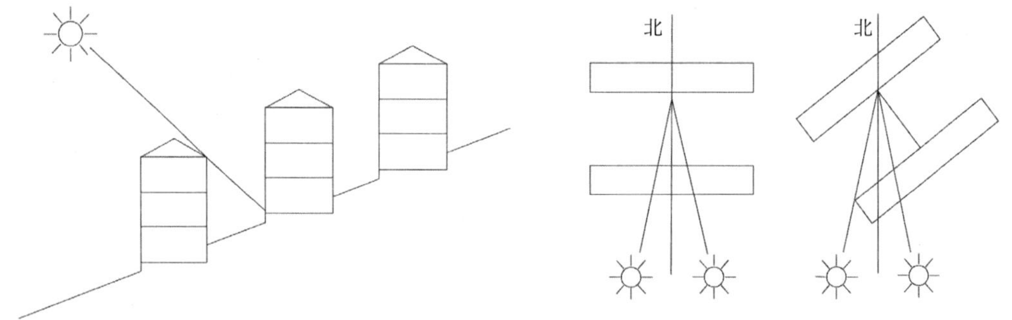

图 2-7　南向坡易于冬季得热和提高容积率

宅间道路布置应尽量利用两排农房之间的日照间距，不再另外新开辟道路用地，以达到节地目的。但是村镇住宅的道路系统和城市住区的道路系统不同，设计考虑重点也不一样。村镇住区内的车辆种类多但人流量小，不同的农村行业如农业户、养殖户、运输户等需求不同，使得车辆种类繁多，有机动车、小货车、面包车、摩托车、畜力车等，而村镇住区的规模和居住密度都较小，所以人流量小，交通不如城市住区那样复杂，不需要人车分流的组织方式。为了提高道路的利用率和节约土地，人车混行的道路系统是合适的。因此，应在确保车行、人行安全并满足消防要求的前提下尽量缩短道路长度，压缩道路红线宽度，不但有利于增加绿地，也有利于节约土地。在住宅布局时采用道路两侧都布置住宅的方式并使道路位置与住宅的日照间距相重合，并尽量在较宽的道路两侧布置层数较多的住宅，这样可提高土地的利用率。

参照城市居住区规划设计中的道路设计技术要求，机动车道路纵坡最大不超过 8.0%，最大坡长宜不超过 200m，非机动车道路纵坡最大不超过 3.0%，最大坡长宜不超过 50m，步行道路纵坡最大不超过 8.0%，车行道路横坡 1.5% ~ 2.5%，步行道路横坡 1.0% ~ 2.0%。

2.2.5 公共服务设施的节地

新型的农村聚居点应按配建的要求进行统一规划，统一建设村民共用的服务设施。要根据居民的人口规模，结合彝族人民的经营习惯、生产方式、气候及地形等因素制定应配建的公共服务设施具体项目、内容、面积和指标，其布局形式更要适合山地的交通条件、彝族生活方式和场地地形特征等因素。上述公共用房宜集中设置并与周边公共服务设施协调共享，或将功能类似又互不干扰的项目组合在一个综合体（楼）内，以利于综合经营和节约用地。当规划用地周围有设施可使用时，配建的项目和面积可酌情减少；当周围的设施不足，需兼为附近居民服务时，配建的项目和面积可相应增加。

提倡住宅与商业服务等公建、无污染不扰民的小型厂房相结合，设计为底商住宅、下宅上厂或下厂上宅等复合功能建筑，在坡地建造的住宅则应利用地形高差安排停车、附属设施等。

第3章　彝族绿色农房设计及节能技术

3.1　凉山地区气候特点

凉山地区属亚热带季风气候，气温日较差大、年较差小，冬无严寒，夏无酷暑，干雨季分明，立体气候显著。境内最热为7月，最冷为1月，无霜期230 ~ 306天。年平均气温14 ~ 17℃，年日照时数2000 ~ 2400h，日照辐射总量502 ~ 627KJ/(cm^2·a)。全年降水量的水平分布是东部多于西部，南北差异不明显，年降水量600 ~ 2000mm。以下为几个主要的彝族聚居县的气候特点情况。

3.1.1　美姑县

美姑县地处青藏高原东南部的横断山脉与四川盆地西南边缘交汇处，大凉山黄茅埂西麓。凉山彝族自治州东北部，县域介于东经102° 53′ ~ 103° 21′，北纬28° 02′ ~ 28° 54′之间。县人民政府驻地巴普镇，位于东经103° 07′，北纬28° 19′，海拔2082m，距凉山彝族自治州人民政府驻地西昌市170km。

境内山峦起伏，河流纵横。大风顶、黄茅埂、连渣果峨、阿米特洛、瓦侯能和等大山分别位于县境的东部、西部和北部，地势由北向南倾斜。东北部最高海拔4042m，东南部最低海拔640m。境内属低纬度高原性气候，立体气候明显，四季分明，年均气温11.4℃，常年日照充足，年日照1790.7h。雨量充沛，年均降水量814.6mm，但降水量北部多南部少，分布不均。冬季长达135d，年均霜期125d。境内自然灾害频繁，主要有冰雹、暴风雨、泥石流、干旱、寒潮霜冻、低温等。

3.1.2　昭觉县

位于四川省西南部，北纬27° 45′ ~ 28° 21′，东经102° 22′ ~ 103° 19′之间。昭觉县地处大凉山腹心地带，曾是凉山州府所在地，西距州府西昌100km，县境面积2699km^2。2014年年末，全县户籍人口30.83万人，彝族占总人口的97.94%，是彝族聚居的主要县之一。昭觉县人民政府驻新城镇。全县地形以山原为主，境内山高谷深，立体气候明显，最高海拔3878m，最低海拔520m，平均海拔2170m，年均降雨量1033mm，年平均气温10.9℃。全县有226万亩草场和广茂的森林资源，森林覆盖率为45%。

昭觉县的气候具有典型的季风气候的特点：雨热同季，干湿季分明。

干季（10 月下旬 ~ 翌年 5 月上旬）。入秋以后，南亚上空盛行西风，西风气流自西向东越过西藏高原后影响全县。因西风气流水汽含量少，又经长途跋涉，输送量不大，降水稀少。雨量占年降雨量的 16%。县境北部多阴冷天气，其余地区多晴天。

湿季（5 月中旬 ~ 10 月中旬）。来自孟加拉湾、印度洋的西南气流和副热带高压南侧的东南气流，因其水汽含量较大，给全县带来潮湿多雨的天气，雨季开始。虽然纬度低，地处副热带，但因海拔高度高，热量随高度升高而递减，湿季又多云雨，日照减少，以及蒸发消耗部分热量，因此气温不高，即使在盛夏期间，人们也无炎热之感。

由于昭觉县地处低纬度高海拔的中山和山原地区，因此气候又具有高原气候特点：冬季干寒而漫长，夏季温和湿润。按照四川省气候分区属川西高原雅砻江温带气候区。按照民间习惯划分四季，除低山河谷外则具有冬寒、春旱、夏暖秋绵雨和无霜期短的特点。

境内海拔高落差大，立体地貌使光、热、水在垂直方向上发生明显的变化，气温随高度升高而降低，高低点平均气温相差 18℃左右；在一定高度下，雨量随高度上升而增加。立体地貌形成相应的立体气候，群众用“山高一丈，大不一样”和“一山四季”来形容山地气候的垂直变化。

1. 年平均气温

根据县气象局 1991 ~ 2005 年资料分析，昭觉县多年平均气温为 11.1℃。最暖年份出现在 1998 年，年平均气温为 11.9℃；最冷年份出现在 1992 年，年平均气温为 10.3℃。两者相差 0.6℃，表明年际变化不大。

2. 月、旬平均气温及气温季节变化

7 月为全年最热月，月平均气温 19.0℃；其次是 8 月，月平均气温 18.4℃；1 月最冷，月平均气温 1.7℃。最热、最冷月相差（年较差）17.3℃。

根据县气象资料和民间四季划分的习惯，四季具体分作：3 ~ 5 月为春季，6 ~ 8 月为夏季，9 ~ 11 月为秋季，12 ~ 2 月为冬季。昭觉县年平均气温年际变化大。月平均气温年际变化明显，尤其是冬春季节，月平均气温最大振幅为 5.0 ℃，出现在 2 月；夏秋月平均气温年际变化较小，月平均气温最小振幅为 1.7 ℃，出现在 7 月。

昭觉县季平均气温为春季 11.9℃，夏季 18.2℃，秋季 11.4℃，冬季 3.1℃。春温高于秋温，夏冬相差只有 15.1℃。

3.1.3　甘洛县

甘洛县地处四川盆地南缘向云贵高原过渡的地带，全为山地，岭高谷深，河谷地带间有台地斜坝与河边小坝，西部有较大的高山间狭长斜坝。县境东部连绵数十里的特克哄哄山，由 8 座 4000m 和 60 多座 3000m 以上的山峰组成；中部最高峰—马鞍山，为全县最高点，海拔4288m；南部高山重叠与凉山中部大山相接，额颇阿莫山高3905m；西部横亘着3922m的碧鸡山以及大药山、小药山、轿顶山等山。尼日河来自越西，从西南入境，斜切全境，在境内接纳斯觉河、甘洛河、田坝河等水流，于东北境注入大渡河。使全县成为东、西、南高，逐渐向中部河谷地区和北部倾斜的地形、地貌。

气候属亚热带季风型气候，雨热同季，干湿季节分明，雨量充沛，光热充足，但降水分布不均，1990 ~ 2006年，年均气温16.6℃，极端最高气温40.4℃；年均降水量为970.4㎜；光照充足，利用率低，常年平均日照为1385.5h。并由于地形地貌特点，境内高山地带降水量多，气温低，中山和河谷地带降水量适中，气温偏高，低谷高温、少雨、降水量集中，形成从高山到河谷，从高温到低温，从潮湿到干燥的典型农业气候。

3.1.4 普格县

普格县位于凉山彝族自治州东部，地域在北纬27°13′ ~ 27°30′、东经102°26′ ~ 102°46′之间，面积1918平方公里，县城普基镇北距州府西昌74km，是一个以彝族为主体、的少数民族聚居县。2006年底全县共有人口14.4万人，其中彝族11.1万人，占总人口的77.1%。

普格属云贵高原之横断山脉。境内山脉均为北南走向，分属螺髻山和牦牛山的余脉，县东北部与宁南县交界处的贝母山主峰，海拔3920m，为县境内最高峰；最低海拔为金沙江畔的濛沽村839m；全境相对高差在800 ~ 1000m之间，最大相对高差3081m，一般海拔高度约2000m左右。纵观普格地貌，山脉河流南北走向，枕山带河，平行交错，东西群峰并列，中为凹凸，三山二水形成狭长的北高南低的河谷地貌。

普格县气候受西南季风和印度北部干燥大陆性气团交替控制，干雨季分明，年温差较小，年均气温16.8℃，1月为9.4℃，7月为22.7℃，极端最高气温33.3℃，极端最低气温-1.9℃，年平均气温变幅仅13℃，晴天多，日照时间长，辐射强，垂直差异十分明显。

年总日照时2094.7h，年总蒸发量2107.2mm，年总降水量1169.8mm，无霜期301天。气候的水平分布和垂直分布具有显著不同，从高海拔到低海拔，从东北到西南，呈现出山地温凉到南亚热带气候的变化趋势，雨量季节分配的显著特点是冬干春旱，干湿分明，5 ~ 10月为雨季，降水量占年降水量的90%，11月至次年4月为干季。以气象学上气温低于10℃为冬季，10 ~ 22℃为春、秋季，高于22℃为夏季来划分，普格的冬天仅为一个月，夏季只有两个月，春秋两季长达9个月。

日照量自北向南递增，北部山地年日照时数约在1600 ~ 1800h，而中南部达到2400 ~ 2600h。在我国北纬30°以南地区，除西藏和云南元谋县之外，这里的日照时数是最多的。日温差大，年温差小，年均气温16 ~ 17℃。

综上，凉山彝族聚居地区气候特征是大部分地区气候温和，冬无严寒，部分地区

冷，夏无酷暑，日照充足。因此，在四川省地方标准《四川省居住建筑节能设计标准》（DB51/5027-2012）中，凉山彝族聚居地区的绝大部分都处于“温和地区 B”，小部分位于“温和地区 A”，还有一少部分地区处于“夏热冬冷地区”（图 3-1）。进行彝族农房的节能设计时，应根据农房所处的不同气候分区选取相应的节能技术指标值。

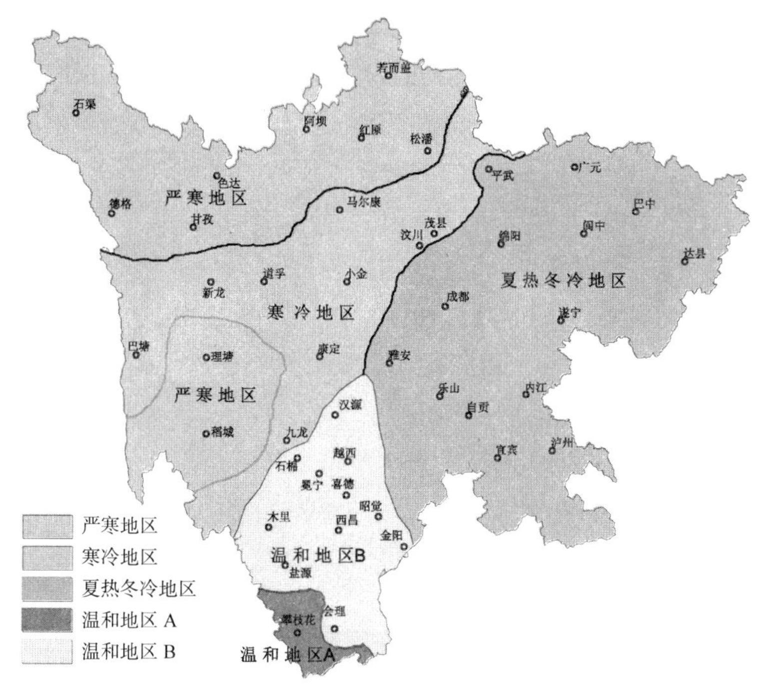

图 3-1　四川省建筑节能设计气候分区图

凉山州的水能、风能、太阳能等资源优势突出、潜力巨大。数据显示，凉山州全州年日照时数平均值为 2288.6h，历年最高日照时数为 2605.6h，日照时数自北向南递增，北部山地常年日照时数在 1500 ~ 1700h 间，中南部地区常年日照数可达到 2000 ~ 2500h，最少的雷波县也有 1137h（图 3-2）。冬半年（12 月 ~ 4 月）是全年日照时数高值期，月平均日照时数在 200h 以上，占可照时数的 60% ~ 70%。在我国北纬 30 度以南地区，除西藏和云南元谋之外，凉山的日照时数是最多的，全州光电经济技术可开发量约 500 万 kW，是全国可开发利用太阳能最好的地区之一。凉山州空气透明度高，自然条件优越，城市建设中利用太阳能的历史较早，20 世纪 80 年代，凉山州各单位使用太

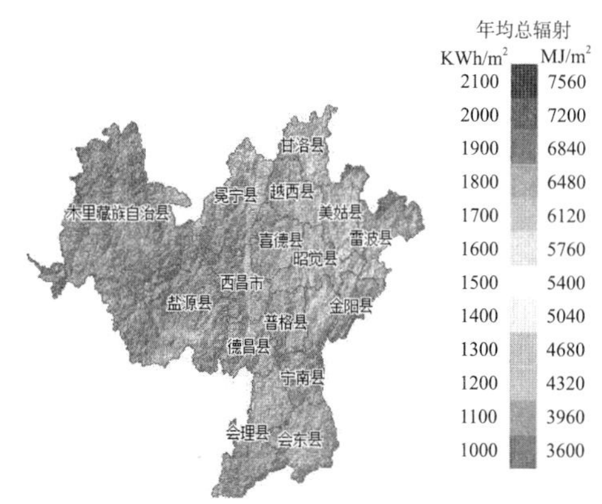

图 3-2　凉山彝族自治州太阳年均总辐射量

阳能就很普遍，之后，城乡居民一家一户使用太阳能热水器更是平常。

3.2 彝族农房的绿色设计策略

绿色设计策略包括主动式设计，即在农房设计中通过采用各种高效集成的技术手段，以较少的耗费实现建筑的功能；被动式设计是通过各种设计方法，控制建筑中的能量、光、气流等要素，适应和利用自然环境，在减少资源耗费的同时获得相对适宜的室内环境，技术手段可以作为补充，弥补设计方法的不足之处。

3.2.1 彝族农房的规划布局

绿色农房的外部环境与场地设计，应考虑建筑群体及植物群体布局影响的热工环境，同时也要考虑外部地面太阳辐射的控制，地面材料应尽可能使用草坪而少用沥青或混凝土等硬质材料，注意地形的利用，减少对建筑群体微气候的影响。

1. 独立式

独立建造的农房易于实现自然通风和天然采光，也有很好的私密性，但不利于节约用地，只有在自然条件不宜建设联排住宅的地区（如山区）为合理。为节地和便于使用，独立式住宅宜紧贴基地边线布置，使空地集中用于布置庭院、道路、停车场地等。

2. 联排式

两户或多户并排相联的布局方式，由于减少了山墙以及山墙之间必要的空地，是一种既节地也相对节能、节材的平面布置，在现阶段十分适合村镇住宅的居住模式，已被农户接受。实态统计的结果表明，这一类村镇住区的容积率在 0.6 ~ 0.8。由独立式发展为并联式以及联排式，相应地其院落也由独立式院落演变为两宅院、多宅院联排式院落（图 3-3）。

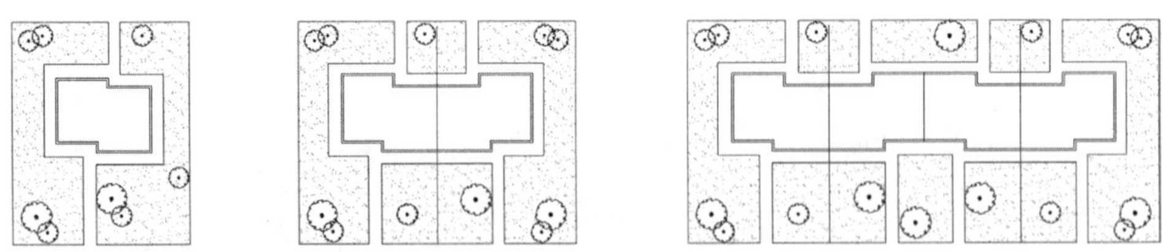

图 3-3 联排式布局组合方式，独立式院落演变为两宅院，多宅院联排式院落

3. 楼栋间距

对于村镇农宅住区，其布局形态主要由楼栋间距决定，楼栋间的合理间距需要综合考虑用地、日照、道路交通、市政管线布置、视觉干扰、防火、防灾等诸多因素。设计中主要考虑的间距包括南侧外墙面与遮挡建筑北侧的水平距离（正面间距）和山

墙相对的间距（侧向间距）。

（1）正面间距

日照是影响住宅正面间距的主要因素，因此，规范中以日照条件作为住宅正面间距的控制标准，在我国通常取冬至日（或大寒日），被遮挡的楼栋的底层住宅室内能够得到两小时日照为下限。

在实际设计工作中，日照间距一般按照与南侧房屋的高度比值来进行初步的判断，要求两排楼栋间的间距大于南侧建筑高度的 1.2 ~ 2.0 倍等等。一般来说，在高纬度地区的日照间距大于低纬度地区。

此外,正面间距对于保证居家生活的私密性也有影响。例如. 环境心理学研究表明，平行布置的建筑，正面间距不小于 10m 时，就可满足视线不受干扰的要求。

（2）侧向间距

住宅的山墙间距即其侧面间距应当满足防火、防震等安全要求，根据《农村防火规范》（GB50039—2010）的条文，一、二级耐火等级建筑之间或与其他耐火等级建筑之间的防火间距不宜小于 4m，但对于一个由数栋农宅组成的住区，4m 的山墙侧间距显得偏小，宜根据建筑高度大小适当加大。当农房的高度超过 15m 时则应符合《建筑设计防火规范》（GB50016—2014）的规定，即建筑之间的防火间距不应小于 6m。

正面间距主要取决于南侧建筑的遮挡范围，如果住宅之间的位置不是完全正对南北向，而是略微偏向东西向，形成错位布置，或独立式住宅与联排式住宅结合，均可有助于缩减日照间距达到节地的效果。图 3-4 显示通过住宅的错落布置，利用山墙间隙引入日照，提高日照水平；图 3-5 显示混合布置点式、板式住宅，利用楼栋间隙引入日照，增加日照效果，达到适当缩小间距的目的。

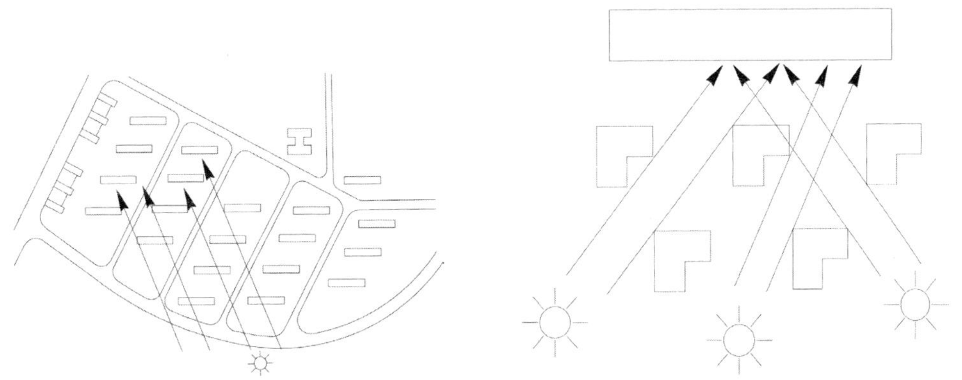

图 3-4　住宅错落布置，利用山墙间隙提高日照水平　　**图 3-5　混合布置，利用楼栋间隙增加日照**

除此之外，彝族绿色农房建筑单体的功能空间组合设计时，需要按照农村起居、生活的规律及其对室内的温湿度要求等对内部空间的布局、房间方位、建筑形状等因素加以调整，采用有利于降低能源损耗的方案。

从节能目标来看，建筑正面朝向以正南北向或向东、西方略有偏向为有利，正对东西向对节能设计不利，如无法避免该朝向时，单体设计要考虑遮阳或防晒措施，减少夏季太阳辐射侵入室内。在建筑外形设计时，方形的建筑体量有相对较小的外表面积，对节能有利，长宽比较大的外形状导致外墙面积大，能源消耗大。

3.2.2 农房建筑的单体设计

1. 彝族农房的户型及居家特点

彝族农房的设计与使用者的生产、生活方式密切相关。当前，农业生产仍然是彝族农户的主要生活内容，但随着社会经济结构的变化，彝族农村的生产活动正在从单一的农作物种植转向农业、副业并存的多元化生产方式。在彝族城镇地区，各种手工业、商业、旅游服务业、加工业、运输业等生产方式也越来越发展起来，逐渐成为主要的生产活动。

除生产方式的影响外，农房的户型设计还取决于户规模、人口结构等要素。由于多方面原因，彝族农户的养老仍然主要靠家庭提供，因此农户的家庭结构多为多代同居一户，人口规模多为 4 ~ 6 人。各户人家的家庭生活随着其生产方式、受教育程度、收入水平等不同而千差万别。在户型设计中，要为各种不同职业、生产方式提供特别的居住和生产空间。在彝族农房设计中常见的户型特征有：

（1）农牧业户。以种植农作物，饲养家禽，放牧等生产方式为主，需要农具储存、仓库、禽舍、猪圈、牛栏等功能空间，设计重点在于使动物与人居相对分离，保证环境卫生。

（2）工商业户。从事手工业品如编织品、漆器生产，或商品销售如服装、百货等，需要手工作坊、商店、库房等功能空间，应使工作区域与生活区域既相对独立又能方便联系。

（3）职工户。在机关或企事业单位上班，有工资收入。需要类似于城市住宅的客厅、书房、卧室等组成的功能空间，要求平面设计上面积紧凑，功能分区清晰。

目前，彝族农房功能布局中的主要问题是生产与生活功能混杂，家居功能空间布局未按照生活行为的规律分区组合，部分居住空间具有不确定性，易受影响等。因此，应以科学的农村家居功能分析为依据，优化农房平面布局设计和空间组合设计。

2. 彝族农房的功能空间与平面布局

图 3-6 表达了一般彝族农房家居空间的基本居住功能、生产功能组成及其相互关系。

使用功能可分为三部分：

（1）居住功能空间

如起居室、卧室、活动室、书房。

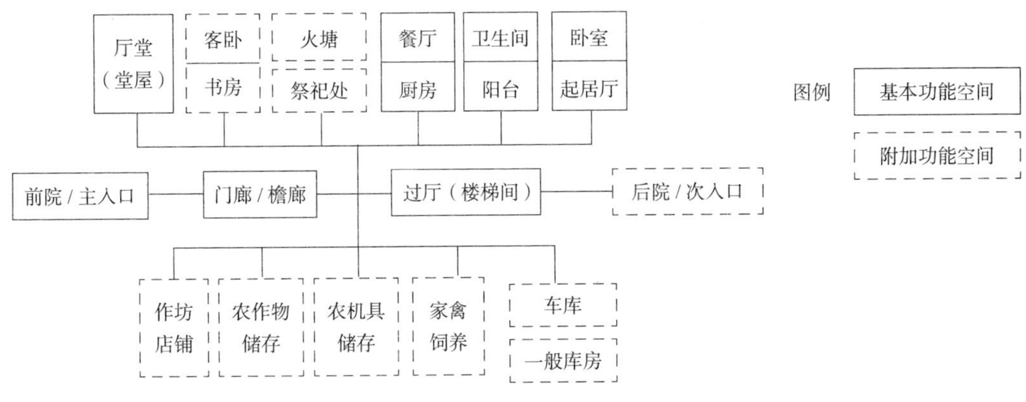

图 3-6　彝族农房使用功能图解

彝族农房中的堂屋、正室即起居室（客厅），除了起居的生活功能还兼有供奉祖先等仪礼性功能，同时还是室内外空间的过渡和上下楼的交通联系空间。农村家庭人口多、功能需求多样、家具也不同于城市住宅，所以起居室的开间和面积应当较大，以满足上述要求，其开间尺寸不宜小于 3.9m，使用面积在 25 ～ 35m^2，但基于节地的原则，其面积也不宜大于 40m^2。

传统的彝族农房都有一道室外檐廊，作为存放雨具、农具、晾晒物品的空间，因此在新建住宅时也应在起居室外设置门廊，既作为内外空间的过渡，也可满足农业生产的需要。

彝族农村家庭人口一般较多，往往还要满足亲朋来客留宿的需求，住宅中的卧室应当要多一些。卧室应在空间上分开布置，一层为老人卧室或客人卧室，这样老人与厅堂联系方便，也有较好私密性。卧室面积可比城市住宅卧室稍大即可。

餐厅除用餐空间外还需要考虑食物运送、准备、餐具储藏等功能。餐厅空间既要和厨房有便捷的联系，又要与起居室关系密切。餐厅在空间布局上可与起居室共用，或单独设立一个 8 ～ 15m^2 的房间。

（2）辅助功能空间

如厨房、厕所等。

农房中的厨房与城市住宅的差别很明显，其设备布局和平面设计受到气候条件、炊事习惯、燃料类型等的极大影响。彝族农房中的厨房除了日常的炊事活动外，同时还具有用餐、储藏物品的功能，主要燃料目前仍以柴火为主，但随着经济条件的不断改进，一些新的灶具也开始使用，有时会有传统柴灶与沼气或天然气灶共存的状况。因此，厨房面积应较大，如 12 ～ 15m^2。彝族农房厨房中常见的灶台及厨房平面布局示例见图 3-7。

在生活习惯上，传统的彝族农房一般把厕所与住宅主体分开设置，这样能够避免气味的扩散和污染。但随着自来水管道的普及，水冲厕所也逐渐被接受，同时为了节

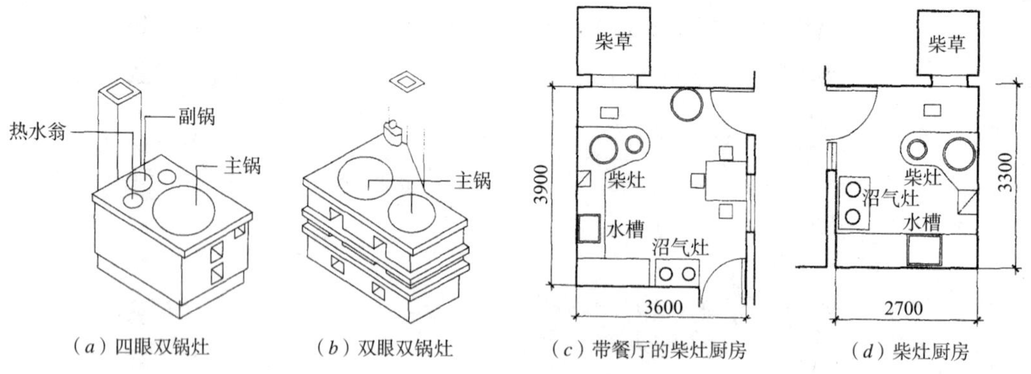

（a）四眼双锅灶　（b）双眼双锅灶　（c）带餐厅的柴灶厨房　（d）柴灶厨房

图 3-7　农房厨房中常见的灶台及厨房平面布局

地和住宅平面的紧凑布局，应当将卫生间纳入住宅主体中，以方便生活。考虑到家庭养殖、沼气利用等需要，还有一些无法与市政管网连接排污的地方，每户的厕所都应具备收集、输送或储存以及初步处理粪便污水的基本功能。在底层设置较大的卫生间为好，因为与院落接近，上述问题都方便处理。

参考城镇住宅设计规范及《健康住宅建设技术要点》等的技术指标，考虑彝族农村实际情况，农房各功能房间尺度与面积设计可参考表 3-1。

彝族农房各功能房间尺度与面积参考　　**表 3-1**

房间名称		厅（堂屋）	起居厅	餐厅	卧室			厨房	卫生间	楼梯间	祭祖空间
					主卧室	老人卧室	次卧室				
平面尺寸	开间（m）	3.9	3.6	2.7	3.3	3.3	2.7	1.8	1.8	2.1	由业主确定
	进深	按面积确定，宜不超过 2 倍开间									
房间面积（m²）		20-30	20-25	12	20	14	9-12	8	5-7		

注：开间尺寸取值不宜低于表中数值。

（3）农业生产空间

除了满足居住功能外，根据用户要求，彝族农房中还要包括一些生产性房间以满足农副业生产的需要，如农用车库、农机具的存放空间、农作物和种子的储存房间、饲养家禽家畜的圈栏等。这部分空间应结合院落、晾晒场进行布置以方便生产。

3. 剖面空间利用

彝族农房以坡屋顶居多，但由于结构、采光等问题，传统民居的坡屋顶空间很少有人加以利用。现代农房的结构条件改善，可将坡屋顶下的空间设计成为阁楼，作为辅助用房或居住房间（图 3-8*b*）。作为卧室使用的阁楼，在空间高度上应保证一半面积的净高大于 2.1m，高度最低处也不宜少于 1.5m，可安装天窗采光通风。阁楼与下层联系的楼梯可以陡一点，面积过小时可用爬梯。对于有楼层的农房，室内楼梯的底部、

顶部也是可以加以利用的空间，楼梯平台下部可作为储存或小卫生间（图 3-8*a*），楼梯上部空间则可作为阁楼利用。

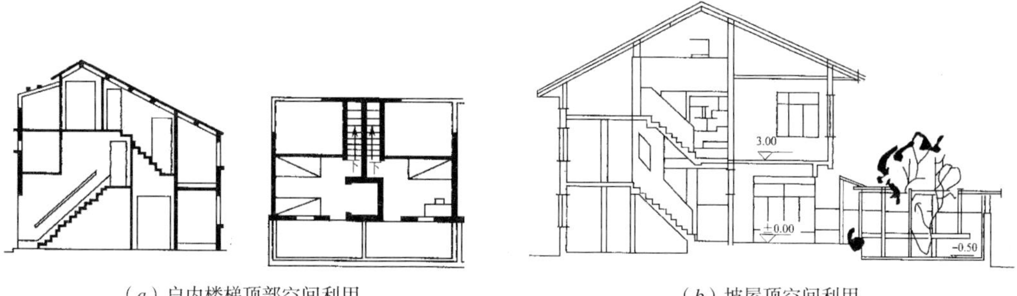

（*a*）户内楼梯顶部空间利用　　（*b*）坡屋顶空间利用

图 3-8　农房剖面空间利用

3.3　围护结构的节能设计

由于建筑内部的热量主要是通过外围护结构获得或散失的，因此，绿色农房节能设计的重点在于围护结构具备良好的保温隔热性能，为此应选择合适的墙体、门窗、屋面材料，并对其进行适当的构造设计，使其热工性能满足节能要求。

3.3.1　墙体节能设计

墙体的节能设计分为单一材料墙体节能与复合材料墙体节能。

1. 单一材料墙体

单一材料墙体的墙体材料自身同时具有一定的热工性能及结构力学性能，不需要再外加其他的材料，优点是构造简单，施工方便。其节能设计主要是通过改进材料本身的热工性能如降低导热系数、增加热稳定性来提升节能效果，目前常用的墙体材料有加气混凝土、空洞率高的多孔砖或空心砌块等，彝族农房常见墙体砌筑材料的传热系数如表 3-2 所示。

单一材料墙体的传热系数　　表 3-2

墙体种类	传热系数（W/（m^2·K））
加气混凝土外墙（用于框架结构的填充墙）	1.02
黏土空心砖（240mm 厚黏土空心砖内抹 30mm 厚石膏保温砂浆）	1.12
空心砌体外墙（240mm 厚双面抹灰的空心砌体外墙）	1.32

2. 复合材料墙体

绿色建筑的节能要求较高，单一材料往往难以满足，为此需要把墙体的承重结构与保温材料如聚苯板、岩棉板等结合起来形成既有结构承重能力也有较好热工性能的复合墙体。根据保温层位置的不同分为外墙内保温、外墙外保温及夹芯保温，其中外墙外保温做法是将保温材料复合在墙体靠外一侧，其保温隔热性能较其他两种为优且施工操作简单，比较适合于气候温和的彝族聚居地区的墙体节能。

3. 常见的复合材料墙体保温隔热构造做法

（1）膨胀聚苯板薄抹灰外墙外保温构造（图 3-9*a*）。

EPS 膨胀聚苯板薄抹灰外墙外保温系统是采用聚苯乙烯泡沫塑料板（以下简称苯板）作为外墙保温材料，苯板用专用粘结砂浆粘贴在外墙上，需要加固时，使用塑料膨胀螺钉打入基层锚固。然后在苯板表面压入耐碱玻纤网格布抗裂层，再抹聚合物水泥砂浆，其上涂料装饰面层或粘贴面砖（如装饰面层为瓷砖，则应改用镀锌钢丝网和专用瓷砖粘结剂、勾缝剂）。

EPS 板导热系数小，约在 0.038 ~ 0.041W/（m・K）之间，在气候温和的凉山地区，厚度 30 ~ 40mm 就可满足墙体保温的要求，这种外墙外保温系统技术成熟、保温隔热性能好，防水性能及抗风压、抗冲击性能强，性价比高且施工方便，适合作为农房墙体的保温隔热。

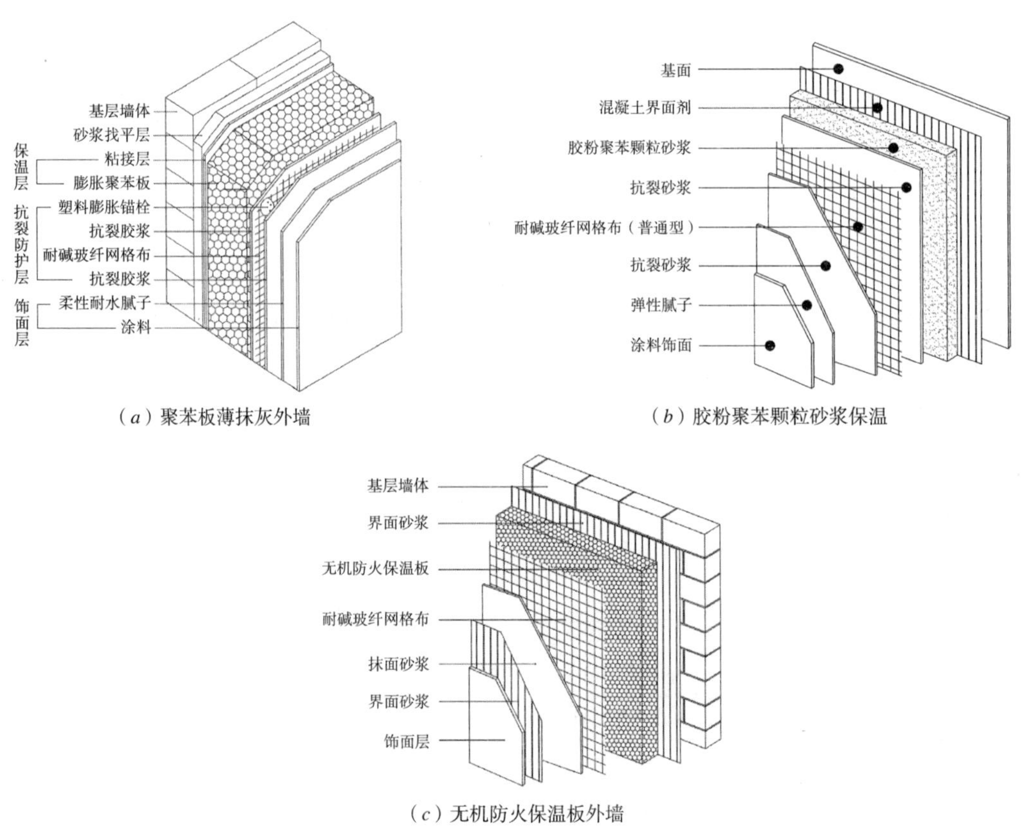

（*a*）聚苯板薄抹灰外墙

（*b*）胶粉聚苯颗粒砂浆保温

（*c*）无机防火保温板外墙

图 3-9 适合彝族农房的保温隔热外墙构造

其质量控制要点为：应采用以粘结为主，粘钉结合方式固定 EPS 板，锚栓应钉在玻纤网外并钉在粘胶点处。EPS 板与基层和抹面层的粘结应可靠。面砖厚度不大于 15mm。EPS 板的密度应不低于 30kg/m^3。

（2）胶粉聚苯颗粒砂浆保温构造（图 3-9*b*）。

胶粉聚苯颗粒保温系统是以聚苯乙烯泡沫颗粒为轻骨料，加入适当抗裂纤维及添加剂的干拌砂浆，在现场加以搅拌后涂抹在外墙上。

胶粉聚苯颗粒干密度约 220kg/m^3，导热系数约 0.058W/（m·K），附着力强，耐冻融、干燥收缩率及浸水线性变形率小，不易空鼓、开裂。

施工时采用现场成型抹灰工艺，避免了块材保温、接缝易开裂的弊病，且在各种转角处无需裁板做处理。易操作，对基层平整度要求不高，施工工艺简单，适合作为农房外墙的外保温隔热层。

其质量控制要点为：胶粉与聚苯颗粒两种材料要分袋包装，使用时按比例加水搅拌制成（胶粉 1：2），随搅随用，在 4h 内用完；墙面松动、风化部分应剔除干净，无油渍，表面突起部分大于 10mm 应铲平；对于混凝土墙体和砌块墙体应满涂界面砂浆，厚度约为 3mm，在抹第一遍保温浆料时，厚度不大于 10mm，以后每遍厚度不大于 20mm，间隔 24h 以上；粘贴面砖做面层时，在抗裂层中用金属网替代网格布作为抗裂防护层的增强骨架，并将金属网与结构墙连接牢固；保温层固化干燥后方可涂抹抗裂砂浆，其厚度约 3 ~ 5mm，网格布之间搭接宽度应不小于 50mm。

（3）无机防火保温板外墙构造（图 3-9*c*）。

无机防火保温板有水泥发泡保温板、泡沫混凝土保温板、珍珠岩保温板、岩棉保温板、发泡陶瓷保温板、发泡玻璃保温板等多种类型，是以水泥和粉煤灰为主要原料，经过高温烧结发泡成型的材料，具有较高的闭孔率，极低的吸水性。安全不燃，耐火度达到 1000℃以上，亦不会散发有毒气体，属安全环保节能材料。

无机防火保温板容重 150 ~ 180kg/m^3 之间，是一种封闭微孔结构，呈现 1 ~ 2mm 的多孔结构，且闭孔率可达 95% 以上，导热系数小于 0.065W/（m·K），因此也是良好的隔声材料。

其质量控制要点为：

墙面清理干净，剔除松动部分表面突起部分，大于 6mm 应铲平；无机防火保温板用粘结胶浆粘贴，厚度约 3 ~ 5mm，板间接缝 1 ~ 2mm；抗裂网格布之间搭接宽度应不小于 50mm，角部搭接宽度 100 ~ 200mm；锚固件安装在保温板角部缝隙处，有效锚固深度，混凝土墙不少于 25mm，轻质墙体不少于 50mm。

根据四川省地方标准《四川省居住建筑节能设计标准》DB51/5027—2012 中的“四川省建筑节能设计气候分区图”，凉山彝族聚居地区的绝大部分都处于“温和地区 B”，对其外墙的平均传热系数 K 的限值要求为低于 1.5W/（m^2·K）或 2.0W/（m^2·K），还有一少部分地区处于“夏热冬冷地区”，根据建筑体形系数的不同，对其外墙的平均传热系数 K 的限值要求为 0.8 ～ 1.5 W/（m^2·K）之间。上述的外墙保温构造做法都可以满足这一要求。

3.3.2 门窗节能设计

外墙门窗的主要材料为玻璃，其保温隔热性能差，彝族农村常采用的单玻木窗的传热系数，是实心砖墙体传热系数的 4 倍，是外墙节能的薄弱环节，门窗面积过大、材料热工性能差都会对室内热环境质量和建筑节能的效果有较大影响。在《夏热冬冷地区居住建筑节能设计标准》JCJ 134—2010 中就规定，对一般居住建筑其北向窗墙比不大于 40%，南向不大于 45%，东西向不大于 35%。为此，在保证日照、采光、通风的条件下应控制窗墙比，不能盲目攀比，开过大的窗户。根据四川省地方标准《四川省居住建筑节能设计标准》DB51/5027—2012 中的规定，根据外窗总面积的不同大小，温和地区的外窗平均传热系数 K 的限值要求为 2.2 ～ 2.5 W/（m^2·K）之间，夏热冬冷地区的外窗的平均传热系数 K 的限值要求为 4.0 ～ 5.0 W/（m^2·K）之间。

农房建设中多采用普通玻璃，为了减少经过玻璃的热量传递，应采用节能玻璃（如中空玻璃、热反射玻璃等）来降低门窗的传热系数，从而达到节能目的。节能玻璃有多种，应依据不同朝向和功能选择，对需要阻挡、减少太阳辐射热的门窗宜采用吸热玻璃、镀膜玻璃（包括热反射镀膜、遮阳型 Low-E 镀膜、阳光控制镀膜等），4mm 厚的单层 Low-E 玻璃的传热系数 K 值就可达到 4.0W/（m^2·K）。对于处于寒冷地区或北向的门窗宜采用中空玻璃、Low-E 中空玻璃或多层中空玻璃等增加保温能力，其中，中空玻璃的空气间层的厚度不宜小于 6mm。

目前，在四川农村地区常见的窗框材料有三种：木、铝合金和 PVC 塑料以及铝木、铝塑复合等。为提高门窗保温性能，可采用节能型窗框如隔热断桥铝合金窗框，其利用增强尼龙隔条阻隔热传导，保温隔热性好，且使用寿命长，可做成不同颜色。在彝族农房中常见的门窗玻璃材料及其各种配置下的传热系数、遮阳系数见下表 3-3。

除材料本身外，建筑外门窗的密闭性能也影响到其保温隔热效果，减少门窗的空气渗透量也就减少了室内外热量直接交换，有资料表明，当房间换气次数由 0.8 次 / h 降到 0.5 次 /h，建筑物的耗能可减少 8% 左右。为此应尽量密封各种缝隙，如在开启扇周边采用耐久性好的弹性密封条，门窗洞口与墙体交接处的缝隙用防潮的弹性保温材料和密封胶填塞密封。

此外，在夏季日照强烈的东西向墙面上，应合理布置挑檐、外廊、阳台、遮阳板等遮阳构造或采用遮阳篷等活动式遮阳措施，减少透过窗户进入室内的太阳热辐射以降低夏季空调能耗。

常见农房外窗种类的传热系数　　表 3-3

窗框材料	窗户类型	单层玻璃厚度（mm）	空气层厚度（mm）	玻璃配置	传热系数 K W/（m^2·K）	遮阳系数 SC
彩钢或铝合金	单框 + 单玻	5	—	—	6.4	—
	单框 + 单 LowE 玻璃	5	—	—	5.8	0.40 ~ 0.60
	单框 + 中空玻璃	5	6	5+6A+5	4.2	0.20 ~ 0.60
		5	12	5+12A+5	3.9	0.40 ~ 0.45
		6	16	6+16A+6	3.7	0.40 ~ 0.45
	单框 + 中空玻璃 + 断热桥	5	6	6+6A+6	3.3	0.20 ~ 0.60
		5	12	5+12A+5	3.0	
	单框 + 中空 LowE 玻璃 + 断热桥	5	9 ~ 12	5LowE+12A+5	2.5	0.40 ~ 0.45
塑料或木	单框 + 单玻	5	—	—	4.7	—
	单框 + 单 LowE 玻璃	5	—	—	4.2	0.40 ~ 0.60
	单框 + 中空玻璃	5	6	5+6A+5	3.4	0.20 ~ 0.60
		5	12	5+12A+5	3.0	0.40 ~ 0.45
		6	16	6+16A+6	2.8	0.40 ~ 0.45
	单框 + 中空 LowE 玻璃	5	9 ~ 12	5LowE+12A+5	2.2	0.20 ~ 0.60

3.3.3　屋面节能设计

1. 保温屋面。采用一些密度小、导热性小、蓄热性大的保温隔热材料改善屋面的热工性能，阻止通过屋面的热量传递，适于平屋面和坡屋面。在安排防水层与保温层的位置时，可采用“倒置式屋面”，即将保温层置于防水层之上。倒置式屋面的保温层对外界的温度变化具有一定热缓冲作用，并保护了防水材料使其不暴露在外，避免了因材料老化、水汽进入防水层后凝结、蒸发造成防水层鼓泡而被破坏，可延长防水层使用年限。

2. 架空通风屋面。在我国夏热冬冷地区被广泛采用，其原理为在防水层及其保护层上设置一定高度（200mm 左右）的通风层作为通风道，适合于平屋面。通风层顶部的混凝土板挡住了对屋面的太阳辐射；同时，因风压和热压的存在也促进了自然通风，可将屋面吸收的太阳辐射热带走一部分，风速越大降温效果越好。架空通风层的构造简单、造价低、易维修，很适合用作为彝族农房的平屋顶隔热降温措施。

3. 其他屋面。还有如种植屋面，即在屋顶上种植物，利用植物的光合作用、蒸腾作用等遮挡太阳辐射热。蓄水屋面，即在刚性防水屋面上蓄一层水来提高屋顶的隔热能力。这些屋面形式都适合于平屋顶，但均需进行严格的构造设计，以免影响下部房间的使用（表 3-4）。

各种节能屋面的构造和设计要点 **表 3-4**

种类	构造简图	构造层次与做法（从上到下）	适用范围
架空通风隔热屋面	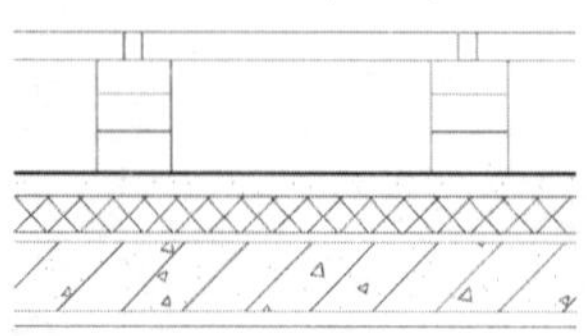 $K=0.902W/(m^2\cdot K)$	490mm × 490mm × 35mm 细石混凝土平板，C20 双向 4φ120 1：2 水泥砂浆填缝， 顺水方向砌 120mm 厚条砖带，高 180mm 改性 SBS 卷材防水层 2mm 厚聚氨酯防水涂料 30mm 厚细石混凝土 60mm 厚膨胀珍珠岩或干铺蛭石保温层 20mm 厚 1：3 水泥砂浆找平层 屋面结构板，找坡 2% ~ 3% 或保温层找坡，最薄处 30mm	适合夏季气候炎热地区的屋顶降温，不适合作为上人屋面。
保温隔热屋面	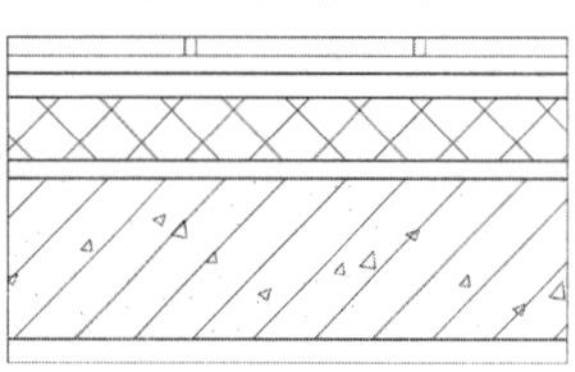 $K\leqslant 0.98W/(m^2\cdot K)$	贴地面砖 20mm 厚 1：3 水泥砂浆找平层 改性 SBS 卷材防水层 20mm 厚 1：3 水泥砂浆找平层 憎水珍珠岩保温板兼找坡，最薄处 60m 厚 高聚物涂膜 20 厚 1：3 水泥砂浆找平层 钢筋混凝土屋面结构板	适合作为上人平屋面，可作为晾晒场地
瓦屋面	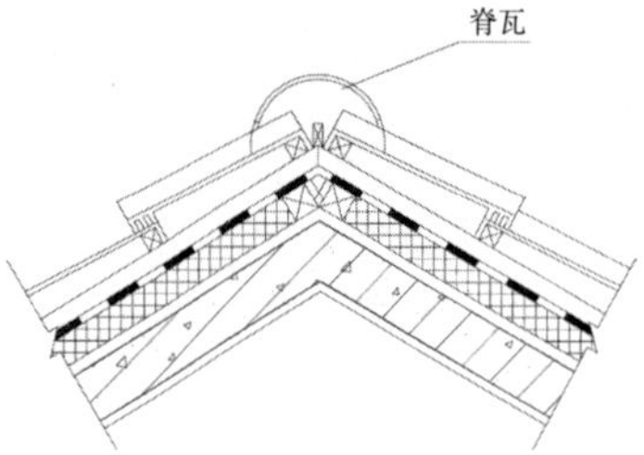 脊瓦	水泥彩瓦彩陶瓦金属瓦 25mm × 25mm 挂瓦条，40mm × 40mm 顺水条 改性 SBS 防水卷材一道或刷防水涂料一道 40mm 厚憎水矿棉板或聚苯板保温层 20mm 厚 1：3 水泥砂浆找平层 钢筋混凝土屋面结构板	适合于有保温隔热要求的坡屋面。
种植式屋面	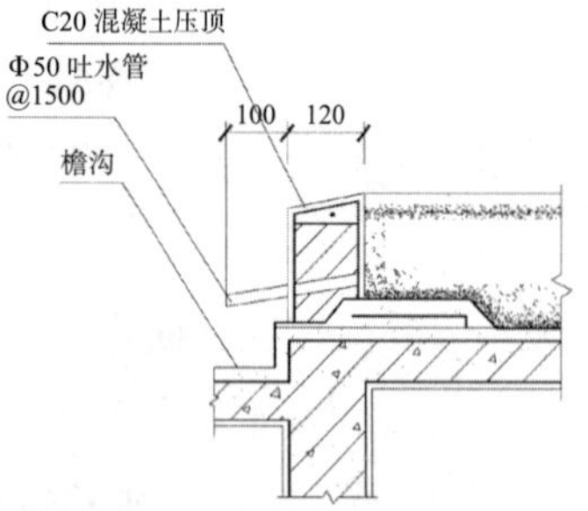 C20 混凝土压顶 Φ50 吐水管 @1500 100 120 檐沟	种植物 200mm 厚种植土 60mm 厚细炉渣 100mm 厚粗炉渣 改性 SBS 卷材防水层，附加 250mm 宽卷材一层 20 厚 1 ： 3 水泥砂浆找平层 钢筋混凝土屋面结构板	适合于作为屋顶花园的上人屋面，既有建筑节能改造

3.4 农房设备及其节能设计

随着彝族农村人民生活水平提高，越来越多的用电设备进入了彝族家庭，因此设备节能也是彝族农房节能设计的重要组成部分。其中对节能效果影响最大的是家用分体式空调器和家用热水器的节能。

3.4.1　房间空调器分类

房间空调器主要有单冷型、单冷除湿型和冷暖型三种。

单冷型空调器用于产生冷空气，可在夏季降低室内的温湿度。这种空调器的特点是比较简单，可靠性高，价格便宜。但是因其功能少，所以使用率不高。

单冷除湿型空调器在夏季不仅能向房间吹冷风而且具有除湿功能，能在多雨季节保持房间干燥，有比较理想的防霉、防潮的作用，适用于夏热冬冷地区和炎热地区的夏季降温。

冷暖型空调器不仅在夏季能吹冷风，而且在冬季可吹热风。根据供暖方式的不同分为热泵型、电热型和热泵辅助电热型。

3.4.2　主要性能指标

家用空调器的主要性能指标有制冷量、供热量、循环风量、有效输入功率、性能系数：

（1）制冷量和供热量，指空调器在额定工况和规定条件下运行时，单位时间从房间内除去的热量总和称为制冷量，而向房间内送入的热量总和称为制热量。

（2）循环风量是在额定制冷运行条件下单位时间送入的风量，其大小直接影响送风温度和换热器的传热效果，根据不同的使用要求而采用相应的循环风量可以提高空调器的能效比。

（3）有效输入功率指在单位时间内输入空调器内的平均电功率，包括：压缩机运行的输入功率和除霜输入功率（不用于除霜的辅助电加热装置除外）、热交换传输装置的输入功率（风扇、泵等）。

（4）性能系数也称能效比，指空调器在额定工况和规定条件下进行制冷运行时，制冷量与有效输入功率比值。

3.4.3　空调节能技术

房间空调器的节能主要需要考虑空调器的能效比、正确的容量选择和安装方式、合理使用。

（1）空调的能效等级是表示空调器产品能源效率高低的简单方法，分成 1、2、3 三个等级，1 级表示能源效率最高，3 级表示能源效率最低，国家规定空调器出厂时必须注明能效等级。彝族绿色农房中应当选用高等级的空调器。

（2）容量选择应根据空调器承担负荷的实际大小选择制冷量，如果容量过大，造成空调器在使用中启停频繁、电能浪费较大，容量选得过小又无法提供所需的制冷量。选购一般住宅的空调时，其容量可按经验数字预估参考：对环境温度为 35℃，相对湿度为 70% 时的密闭房间，以窗帘遮住直射阳光时，室内每平方米约需冷量 120 ~ 150W，每人约需冷量 150W，室内发热电器的热量以相等冷量抵消计算，窗户不加窗帘时，室内每平方米约需冷量 300 ~ 500W。

（3）正确安装。空调器的耗电量也与其是否合理安装有关：

①分体式空调的室内机。安装位置需要确保送风范围足够大，使房间内温度分布均匀。出风口位置过低或过高，或被阻挡都会造成室内温度分布不均匀，使人感到不舒服，加大空调用电量。同时，室内机应安装在避免阳光直照的地方以免增加空调器的制冷负载。

②分体式空调的室外机。室外机前后应无阻挡、通风良好，不应安装在有污浊、热气体排出的地方，其正面空间应大于 400mm，这样才可以确保冷热空气对流换热的效果。

（4）合理使用。从节能角度看，室内外温差不宜过大，夏季室内设定温度每提高 1℃，一般空调器就可减少 5% ~ 10% 的用电量。

3.5 可再生能源利用

当前，在彝族农村地区，最常见的能源来源仍然是薪柴、秸秆和电力。而燃烧薪柴的方式是不利于环保的，据统计，在我国农村，每人平均年需薪柴量为 675kg，全国农村每年消耗木材量接近 1 亿 m^3，占全国木材消耗量的 1/3，为了满足消耗，森林、灌木等植被被大量砍伐，导致水土流失等一系列环境问题。因此，非常有必要在农房建设中，积极推广利用各种可再生能源，逐步减少对薪柴等不可再生能源的依赖，为保护山区自然环境、实现新农村建设的可持续发展提供条件。

国家在“十一五”规划纲要中提出了“积极发展农村沼气、秸秆发电、小水电、太阳能、风能等可再生能源”发展方向。在凉山彝族地区，具有较好前景的可再生能源利用方式有生物质能如户用沼气池和大中型沼气工程等和太阳能如热水、太阳房、光伏发电等。

3.5.1 户式沼气利用

彝族农村中的种植业、畜禽养殖、木材加工等生产活动，会产生大量的农作物秸秆、木屑锯末、树叶、谷壳果皮、畜禽粪便等有机物质，这些都是生物质能的很好来源。将这些原料收集后在厌氧空间密闭，依靠微生物发酵作用，产生出如乙醇、甲烷等液体或气体燃料。这种生物沼气技术经过多年的推广已经相当成熟，很适合于在彝族农房建设中加以采用。

1. 农村家用沼气池的运行与管理

农村沼气池发酵原料为人、畜、禽粪便，普遍采用水压式、半连续沼气发酵工艺，能维持比较稳定的发酵条件，这样就可以兼顾生产沼气、有机肥和农业种植集中用肥的需要，具有良好的综合经济效益。

建造沼气池应选用混凝土、实心砖、石块等结构材料，不仅坚固耐用，造价也较低。沼气池在温和气候地区可全年使用，为了冬季保温，其发酵部分应埋在土中。

2. 水压式沼气池的构造

目前，我国农村推广建造的水压式沼气池一般是圆形和球形，其结构见图 3-10。从图 3-11 中可以看出，沼气池一般都设有：1 进料口 ；2 进料管；3 发酵间；4 出料间；5 活动盖板；6 导气管；7 储气室；8 池壁结构等部分。

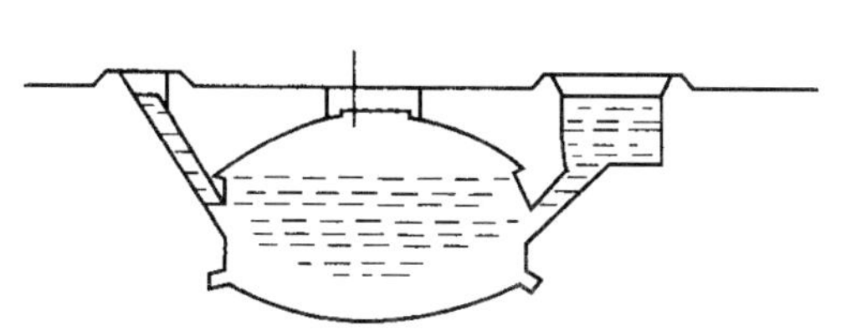

图 3-10　水压式沼气池示意图

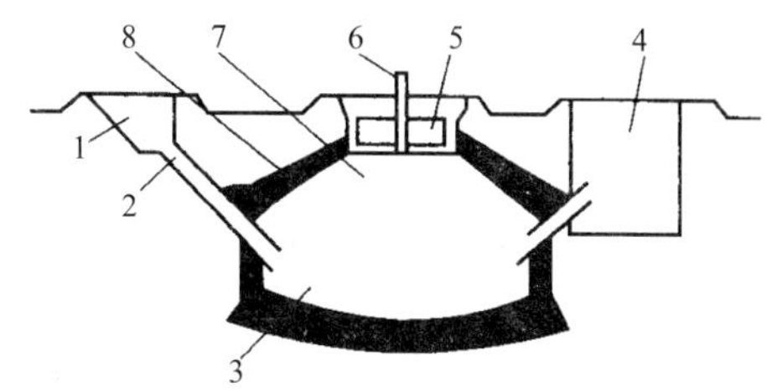

图 3-11　水压式沼气池结构示意图

1—进料口；2—进料管；3—发酵间；4—出料间（又称水压箱）；5—活动盖板；6—导气管；7—储气室；8—沼气池体

沼气池下部发酵间产生的沼气上升到盖板下的气箱储存，沼气逐渐增多，池内压力随之增大，将发酵后的料液挤压到进出料间，以便施肥时取用。发酵间和气箱的容积即为沼气池的有效容积。沼气池容积过小不能充分利用原料，过大使发酵原料浓度过低，将降低产气率，都不能满足稳定和足量用气的需求。因此，沼气池容积的确定主要是根据发酵原料的多少和用户用气的多少而定。

目前，农家用沼气池的产气率，每立方米沼气池每天产气 0.1 ～ 0.2m^3，一家 4 ～ 5 口人每天用沼气 1 ～ 1.5m^3，全年农民用沼气做饭、照明，五口之家，平均每人建 1.5m^2 沼气池，若在八口以上家庭，平均每人建 1.2m^3 沼气池就够了。根据各省（市）经验，按照每家有 4 口人计算，一般建一个 8 ～ 10m^3 的沼气池就够用了（图 3-12）。

图 3-12 所示的三合土砖砌沼气池，池底深度 2.34m，占地面积 14m^2，有效容积 8m^3，日均产气 12m^3，可供 5 ～ 6 口人使用。

在选址建池时，要靠近猪圈、厕所，使沼气池与之相连通，使人畜粪便能随时流入沼气池，这样不但节省平时进料的劳力，而且还可以使发酵间经常增添新的原料，保证产气足，产气持久。同时，防止粪便溢流，影响了农村的环境卫生。

做好沼气池的日常管理极为重要，“三分建池，七分管理”。应抓好沼气发酵原料的更换，除定期大换料外，平日应勤出料和勤加料，为沼气菌存活提供所必需的原料，还要经常搅拌沼气池内发酵原料，以利于沼气菌的新陈代谢，避免发酵原料的浮渣层结壳后影响沼气产气率。

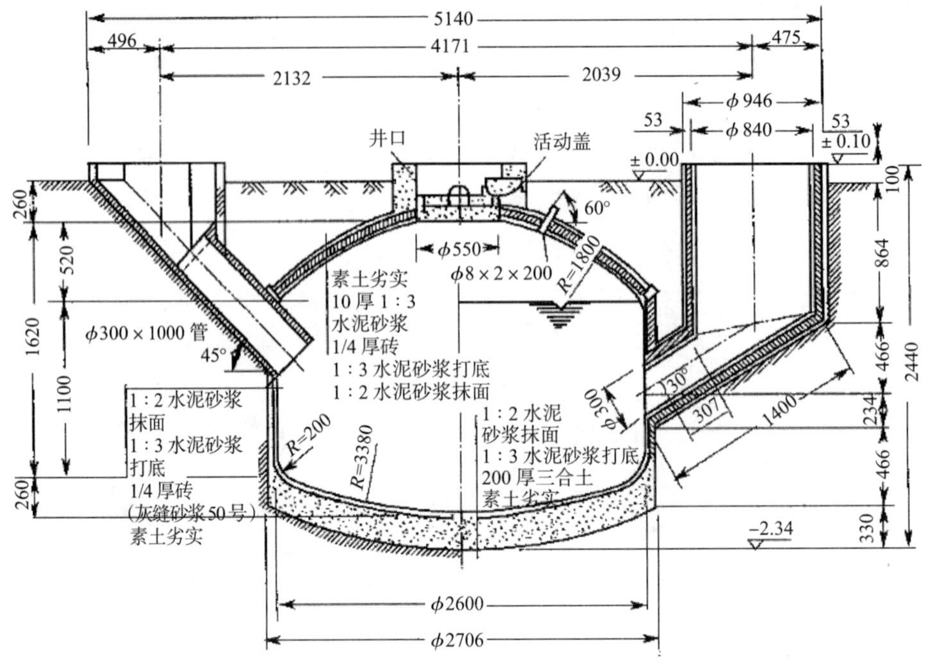

图 3-12 三合土砖砌沼气池（单位：mm）

3.5.2 生物质能利用

生物质能即以生物为载体的能量，它来源于植物的光合作用，可转化为固态、液态和气态燃料，其最大优点就是作为燃料时，吸收和排放的二氧化碳几乎相等，对大气的二氧化碳排放量极少，减少了温室效应，还有便于就地取材、来源丰富的特点。

生物质炉采用可燃生物质（碎木柴、薪柴、秸秆、玉米芯，各种果壳以及各种生物质压块等）为燃料，在炉膛顶部直接点燃生物质，炉膛在短时间内（3 ~ 5min）温度迅速升高，通过风机送风或自然进风，燃料在炉膛内充分燃烧同时气化成可燃气体，进入炉膛上部，在二次供氧下再次燃烧，在炉膛顶部产生大量热量，可供农家烧水、做饭、保温、取暖等多种用途。生物质炉通过二次供氧、气化燃烧降低了烟尘排放量，产生的烟气由烟管将排放到室外，提高了热效率的同时减少了烟尘的排放，解决了农村烧大灶、高污染、高排放、高耗能的问题，实现了高效、环保、节能的目的，是集为一体的节能炉具。

可燃生物质的来源广泛，废弃的各种农作物如秸秆、柴禾、稻草、锯末、树枝、树叶、花生壳、豆秆、谷壳、谷糠、锯末、刨花、杂草、牲畜粪便、玉米芯等可燃固态垃圾均可作为燃料，在农村有着取之不尽，用之不竭的资源，实现了农村废弃物的资源化利用。

适用于农家烧水、做饭、保温、取暖等多种用途，冬天可作火锅桌，边取暖，边加热饭菜。使用方法简单，30 秒就可以点燃，上火速度快，加满料后，一次可燃烧 90 分钟，设有续料口，中途不端锅就可以随时添料，可以长时间使用，不会熄火，不冒烟，

火力大小可以通过抽动灰箱调节（图 3-13）。

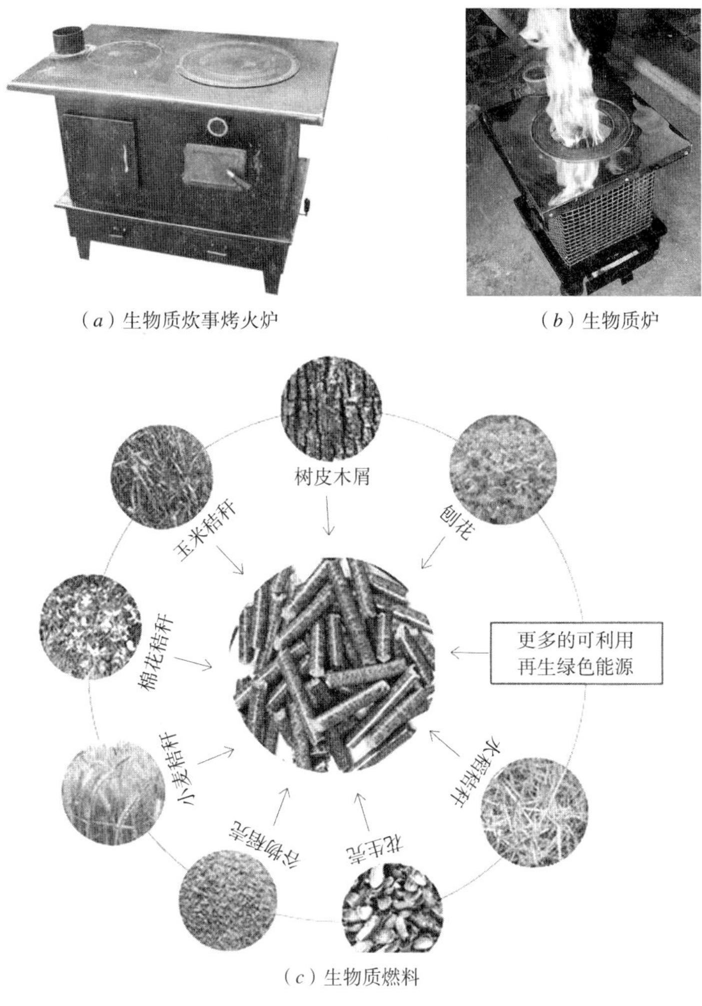

（*a*）生物质炊事烤火炉　　（*b*）生物质炉

（*c*）生物质燃料

图 3-13　生物质炊事烤火炉

图 3-13（*a*）所示的生物质炊事烤火炉，规格为 740mm × 500mm × 635mm，图 3-13（*b*）所示的生物质炉，规格为 380mm × 380mm × 500mm，都采用了机械供风与自然供风相结合方式。炊事火力强度达到 4.5kW，8 ~ 10min 可烧开 5kg 水，1 ~ 1.5kg 燃料可以持续燃烧 1 ~ 2h，可供 4 ~ 6 口人家做一顿饭，设有主锅、副锅、双层烤箱，冬季点火 60min 以后炉体温度平均可达到 157℃。设有观察孔，不用端锅可观察火势。

3.5.3　太阳能利用

凉山彝族自治州各地的太阳能资源都较为丰富，利用太阳能有很好的基础。目前，在彝族农房建设中可用到的太阳能利用方式有太阳能热水器、太阳房、太阳灶、太阳能光伏发电技术等，其中太阳能热水器是最简单方便且高效的节能技术。

1. 经济性能比较

目前市场上销售的热水器主要有燃气热水器、电热水器、太阳能热水器。燃气热水器加热快、出水量大、温度稳定，但在使用时要排出含有一氧化碳的废气，如果安装处通风不良，有一氧化碳中毒的危险。在彝族聚居的农村环境中，并不是都有天然气管道可用，燃气热水器使用受限。而电热水器除了耗电量大、长期使用费用高以外，其热水箱还要占用室内空间，易结水垢，对农村用户来说保养维修都较为麻烦。因此，太阳能热水器对于居住分散的彝族农村地区是一个最好的选择。

8L 燃气热水器的市场价格一般在 800 元以上，再加上安装费，大约在 1000 元以上，有的甚至接近 2000 元，40L 左右电热水器现在都在 1000 元以上，加上安装费用，一般 1500 元左右。

对于太阳能热水器，按照年平均气温 15℃、年日照时数 2000h 、太阳总辐射量年均为 4.19×10^6kJ /（m^2 · a）计算，如果集热面积为 $2m^2$，年吸收太阳辐射能量为约 9.37×10^6 kJ，按把水温升高 35℃计算（基础水温 10℃），全年可提供生活用热水（45℃）约 64t，每人每次洗澡用热水约 30kg，则全年可洗 1280 人次，平均每天可洗 3 人次。基本满足小户型农户的生活需要。若加装辅助电加热器，则功率一般与同水箱容积的电热水器相同或略小，但由于只起“辅助”作用，实际消耗电能比电热水器小很多。

太阳能热水器初始投资比常规热水器要大，其价格都在 3000 元以上。但在维护及使用费用方面，目前天然气每立方米为 2.0 元左右，每度电为 0.50 元左右，而太阳能热水器无能源使用费用，随着使用年限的加长，太阳能热水器的优势就明显了。

太阳能热水器的主要部件使用寿命可达 15 年以上，由于没有能源使用费用，一般情况下，可在 3 ~ 5 年内全部收回投资，经济效益高。缺点是需要安装在屋顶上，安装复杂，故障时维护较麻烦。因此在彝族农房的坡屋顶设计时，应为太阳能热水器预留屋顶空间、管线洞槽、设备基础等以便安装，并将其坡屋顶与太阳能热水器结合进行立面设计以免影响建筑外观及村容村貌（图 3-14）。

图 3-14　北京平谷将军关村太阳能屋顶及墙面

2. 太阳能热水器构造

太阳能热水器由集热器、传热物质（水）、储热水箱、循环水泵、控制系统等组成，利用集热器接收太阳辐射，将其转化为热量并传递给水，储存起来，获得大量热水。目前大部分太阳能热水器均为真空玻璃管太阳能集热器，将真空玻璃管直接插入水箱中，利用加热水的循环，使得水箱中的水温升高。这种简单的太阳能利用方式造价较低，但吸热效率高、技术成熟，已在农村居民中有很好的认可度（图 3-15）。

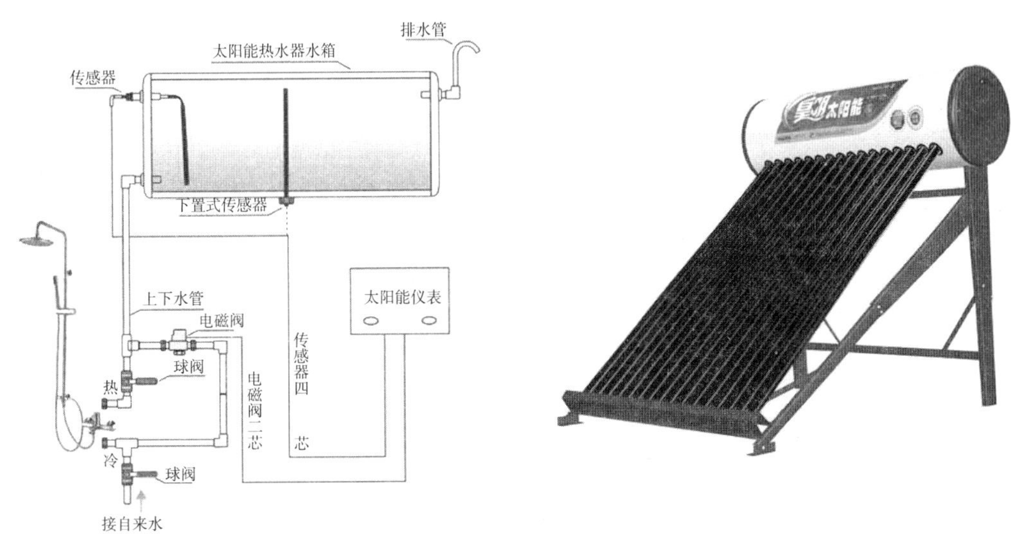

图 3-15　商品太阳能热水器及其系统组成图

太阳能热水器的贮热水箱用于储存白天生产的热水，以供晚上使用，由于其体积比较庞大，更适合用于建筑顶层。对于居住较为分散的彝族农户，适宜采用分户式太阳能热水器，每台可供一户人家的热水需求，其构造简单，由于集热器和贮热水箱是一个整体，也不需要在集热部分再增加保温层。

（1）分户式太阳能热水器的水箱内胆有不锈钢、搪瓷等材质，其保温效果好，耐腐蚀，不污染水质，使用寿命达到 15 ~ 20 年以上。

（2）支架是热水器的固定和承重结构，应当牢固，抗风吹、耐老化、不生锈，一般为彩钢板或铝合金制成，要求使用寿命达到 20 年。

（3）连接管道将热水从集热器输送到贮热水箱、将冷水从贮热水箱输送到集热器，使整套系统形成一个闭合的环路。循环管道应选取优质材料且设计合理、连接正确，热水管道必须做保温处理，保证有 10 年以上的使用寿命。

（4）普通太阳能热水器在晴好天气能正常使用，但在阴天或室外温度较低时，如果储藏的热水用完了，就不能热水了。在普通太阳能热水器上增加辅助电加热系统和自动上水装置，配有水位、水温显示器，在日照不足时，可用电加热水，可适宜各种气候条件，更加方便在居住地较为分散的彝族农村环境条件下使用。

3. 太阳能集热器安装倾角

为了得到全年最大太阳辐射能量，集热器应面向赤道，其安装倾角应近似当地纬度角，适用于冬季的，集热器倾角应等于当地纬度角加 10，适用于其他季的，集热器倾角应等于当地纬度角减 10。在坡屋面上安装太阳能热水器时，可参照图 3-16 中的热水器布置方式及其底部、顶部支座进行设计施工。

4. 集热器面积确定

为了便于工程计算，对于非冬季使用的太阳能集热器，热水量与集热器面积的比值一般取 100kg/m^2 为宜，全年使用的热水器比值为 50 ~ 70kg/m^2 为宜 . 若比值过大，系统效率虽然提高但热水温度降低，还增加了水箱投资。

热水器的上下循环水管一定要精确安装，不能出现反坡现象，不然就会导致热水循环效果差，水量不足甚至不出热水等问题。

为保证太阳能热水器的正常使用，应注意定期检查管道、排气孔等元件，风沙大的地方要定期冲洗集热器表面，存于水箱内的热水长期不用后，水质变差，滋生细菌，使用时要先放掉，不能用于洗澡或饮用。

3.5.4 太阳房与附加式阳光间

彝族农房的建设环境多为乡村与山地，用地较为宽松，且冬季日照时间长，采用被动式设计如太阳房与附加式阳光间，可以使太阳能得到更充分的利用，节能效果更好，也是绿色农房设计的重要环节。

为保证南墙面接受阳光直射，太阳房各栋间需要较大的间距，但总平面布置受到多种因素综合影响，为了节约采暖能源选择建筑朝向只是其中之一，不应仅以此为依据而造成土地资源使用效率降低。

为保证太阳能采暖效果，在大寒日或冬至日（此时太阳高度角为年最小值）的晴天，太阳房集热面的阳光直射时间应有 6 ~ 8h。因此太阳房的南侧外墙应避开周边建筑、高大围墙以及自身突出部位造成的阴影，或留足够的间距，以免遮挡日照。同时，还应设置防风墙、板和防风林带等挡风设施，避开西北向冷气流的影响，减少冷风渗透。

太阳房的最好朝向是正南，在可能条件下，太阳房应采用我国北方民居“坐北朝南”的传统格局。在无法取正南朝向时，适宜布置在南偏东或南偏西 15°以内，最大不宜超过南偏东或南偏西 30°，否则接收到的太阳能会急剧减少。如果是 L 形平面建筑，则建筑的长边应布置成南北向，短边位于长边的北侧，以不遮挡南向阳光。

凉山彝族聚居地区日照时数较长，太阳辐照量大，彝族农房的建筑热惰性差，适合于以直接受益方式利用冬季太阳辐射。由于冬季温度是中午高，早晚低，而南向集热面正午时太阳辐射强度大，清晨和傍晚时强度小，太阳辐射热的分布时段与气温高

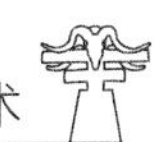

低时段有矛盾，因此在进行室内房间布局时，要考虑其使用特点来调整朝向，以免中午室温过高而早晚室温过低令人感到不适。

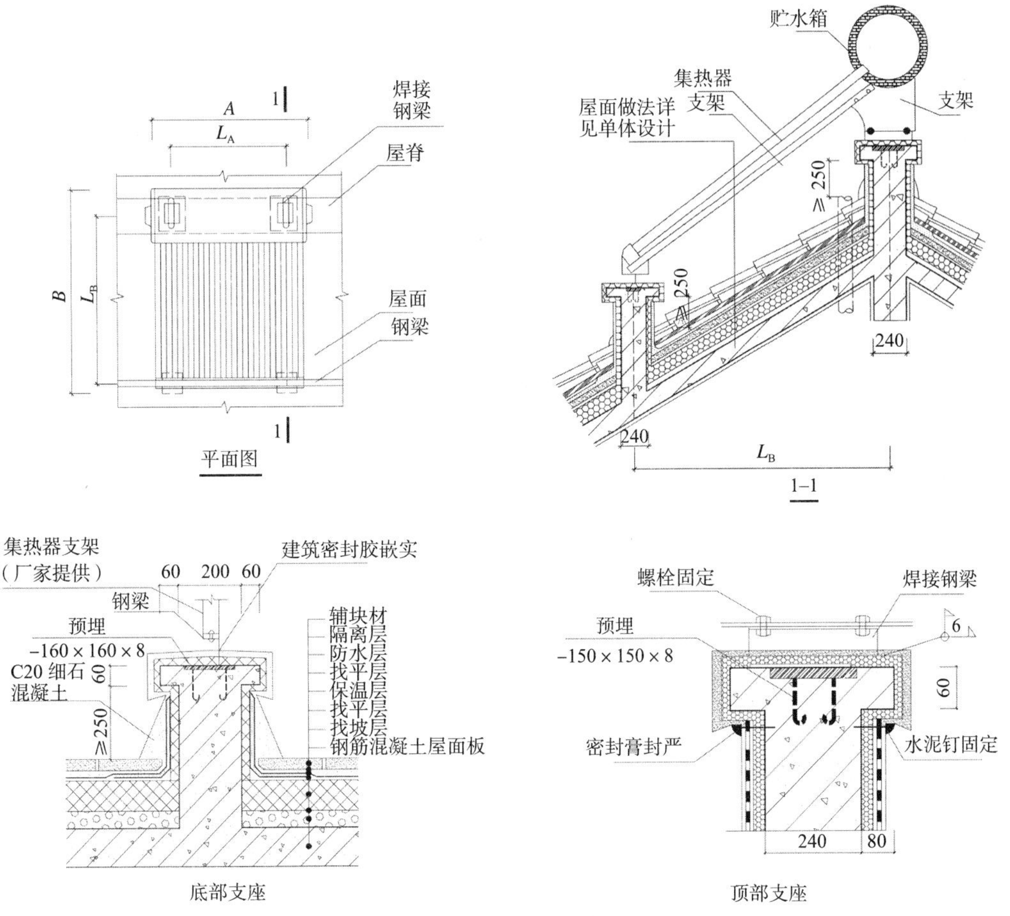

图 3-16　坡屋面太阳能热水系统安装示意图

为了使建筑取得理想的集热朝向，且又不浪费用地，建筑的南墙在条件允许时可以设计成锯齿形。如农房的客厅、堂屋，在晚上家人聚集时间长，朝向正南或南偏西方向，可以延长下午的日照时间。对于加工间、畜舍等生产房间，为了在早晨时提早获得日照，常采用南偏东的朝向。应注意不要将建筑设在凹地，冬季的冷气流在凹地会形成对建筑物的“霜洞效应”，增加建筑物的耗能。

当前控制用地是我国重要国策，在多数情况下土地资源比能源更加紧张，必须优先考虑合理利用土地资源，因此建筑朝向要因地制宜、综合比较进行取舍。

3.5.5　太阳房的形体及立面设计

1. 太阳房的形体

为了减少冬季热损失，建筑平面形式应规整、简洁，避免凹凸和相互遮挡，影响日照。建筑平面设计时，围护结构周长增加会导致增大外围护结构面积，增加热损失，应尽量避免。平面的长宽比宜取 1 : 1.5 ~ 1 : 4 之间。三开间的做成一层为宜，四开间以上的做成二层为宜。进深在满足使用的条件下不宜太大，取不超过层高 2.5 倍时可获得比较满意的节能率。建筑层高尽量降低以有利于减少建筑热损失，但房间的净高也不应低于 2.5m，由于坡屋顶空间较为高大，易导致冬季热量散失，夏季采用空调时则加大了负荷，因此应与使用空间分隔开以利于节能。

2. 建筑立面设计

被动式太阳房的立面设计重点在南墙上，包括开窗、设集热墙、设阳台及阳光间等。用直接受益式窗的方式利用太阳能简单易行，适合彝族农村环境，但是在砖混结构中，由于承重与抗震的要求，南墙不可能全部开窗，而要扩大集热面积，只能从加大窗高来解决，具体做法可采用降低窗台高度或设计落地窗的做法，也可以设低窗台，透光窗下部采用固定窗扇。

附加式阳光间是在房屋南侧房间外附建一个阳光间（图 3-17），用南侧外墙把室内空间与阳光间分隔，阳光间的围护结构全部或部分由玻璃等材料做成，可以将屋顶、南墙和两面侧墙都用透光材料，也可以屋顶不透光或屋侧墙都不透光，阳光间的透光面宜加设保温帘、板，阳光间与房间之间的公共隔开有门、窗或通风孔洞等，作为空气对流的通道。

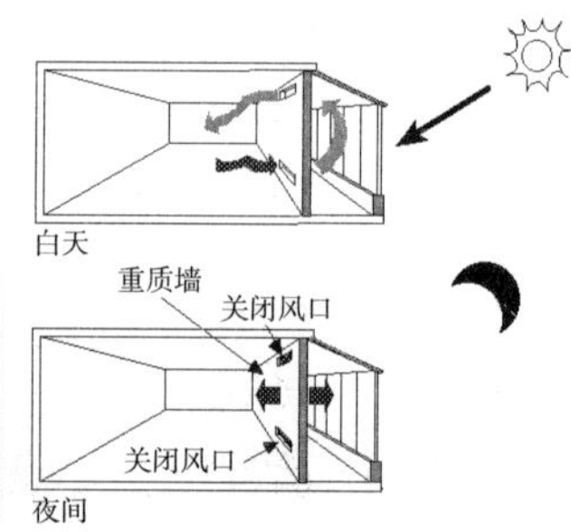

图 3-17　农房附加阳光房

阳光间的温室效应使室内的有效热量增加，同时减少室温波动。白天，阳光穿过透光面加热阳光间内的空气，再经隔墙上的门窗或通风口对流进入室内提高气温。夜间，阳光间的保温帘、板将室内热量反射回去，可以减少对外热损失。

附加阳光间外观通透美观，里面可种植花草、美化环境，也可仅作为走廊或门斗。热效率略高于集热蓄热墙式。但是阳光间的造价较高，在阳光间内种植植物，湿度会比较大，需因地制宜。

附加阳光间既可用于新建的太阳房，又可改建旧房，在建设时将南向是温室和集热一蓄热墙房间结合起来，采暖效果会更好。

第 4 章　彝族绿色农房的节水设计

4.1　农房生活供水与节水

随着凉山彝族地区城镇化建设步入新的发展阶段，人们生活水平提高，当地居民的生活用水需求量逐步增多，对村镇供输水作业和用水调度提出更高要求。对于彝族绿色农房设计来说，坚持节水原则，优化资源分配是必然的方向，应当以科技创新为手段，从供水技术、雨水回用等方面优化设计，体现出节水效果。

4.1.1　农房的生活供水

目前，凉山彝族聚居地区的市政基础设施已得到了较大改善，而在供水建设上仍然存在一些问题如饮用水水质超标问题严重、村级供水工程输水管道破损、供水量不稳定、管网损坏老化等，导致彝族农户的家庭生活用水质量不高，应当以适宜的对策来解决供水问题。

1. 适度规模集中供水

建设适度规模的集中供水工程（图 4-1）有许多优点如有利于优化水质、保障饮水安全、可明显降低人均工程造价并提高管理水平，是解决彝族聚居村镇饮水安全问题的较好选择。在市政设施建设条件较好的地方可以建设集中供水水厂，对于严重缺水且经济又相对滞后、水质严重超标，不具备集中供水条件的村落或农户，先以解决当前饮水问题为重，可以考虑建设分散取水点，采用开挖大口井、户式储水罐等辅助集中供水设备。

图 4-1　村镇集中供水工程

搞好水厂运行管理，是保证饮水安全的主要部分。为了保证饮水安全，供水一定要经过科学的净水工艺和严格的消毒。其次联合水厂、水利部门、环保卫生部门加强对水源的保护。最后加强对水质的检测，确保饮水安全，定期对水源水、出厂的水和管网末梢水进行水质检测，并接受当地卫生部门的监督。

做好规划、设计等前期工作对保证供水工程的建设质量是非常必要的，需要相关设计单位、工程管理部门和行政管理部门、专业技术人员的共同合作。

水费计收和合理补偿相关机制，是确保供水工程良好运行的经济保证，水价的合理性直接影响着农村集中供水事业的可持续发展，所以水价的定制除了要合乎相关规定外，还应当与地方政府沟通并完善。

2. 打井或储水罐供水

在彝族聚居的村寨中，没有集中供水条件的山地区域较多，利用地下水是合理而经济的方式，可以考虑打井以解决供水问题（图 4-2、图 4-3）。在经济条件、自然环境都可行的情况下，单个住户可在院内打井。对于没有条件修建小型集中供水厂或打井不经济的单户人家，可考虑引泉水、山沟水等清洁、稳定的天然水源，采用储水罐储存备用（图 4-4）。

图 4-2 大口井

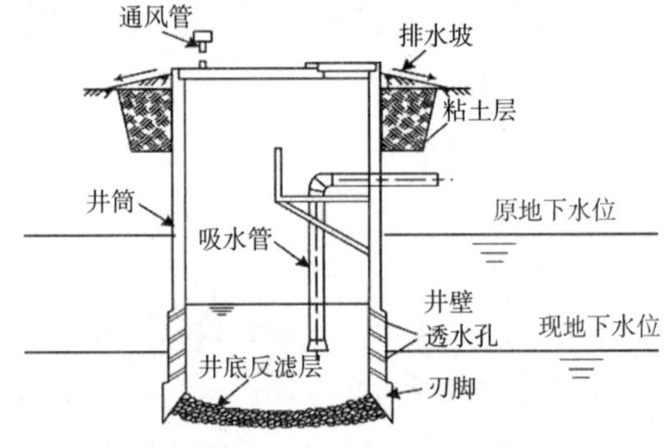

图 4-3 大口井结构图

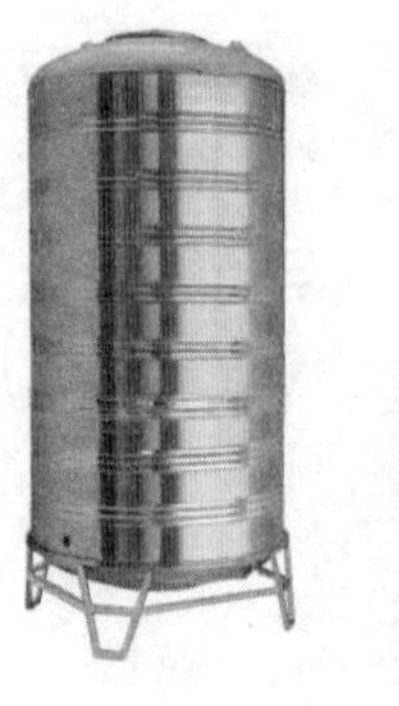

图 4-4 商品家用储水罐

多户合作开挖大口井，是较为容易实现的供水措施。大口井的取水层是浅水层，是在地表以下一个不透水层之上，是表层水下面较深的地下水。浅水层一般由砂、砾石构成，水的补给来源除了接受降水补给外，往往与河水相互补给。地层的渗透作用，使得浅水在自然条件下，水质是比较清洁的，大部分悬浮物及微生物被过滤，因而水质物理性状较好，浊度小，细菌含量也比地面水和表层水少，但是由于水流经地层时，溶解了大量的矿物盐类，使得水质变硬，此外还会溶解一些二氧化碳和有机分解产物，水中的溶解氧会变少。因此开采较深的地下水饮用相对来说更有利于人们的饮水健康。

水井在选址上一般要求其周围 100 米以内不应该有污水渗井（坑）、渗入性的厕所、粪池（坑）、牲畜养殖圈等污染源，其次勿在积水坑洼、坟墓、渗井等污染源附近打井。在保证水质的情况下尽量方便取水，选择水位浅、施工容易的地区打井。

4.1.2　农房生活节水

凉山彝族地区也面临着水资源稀缺、污染问题，这些都对农户的用水造成了影响，因此除了修建供水设施外，节水意识的提高及节水设施的建设也是很重要的。在目前的条件下，彝族农房的生活节水应注意提高当地居民的节水意识，其次是对雨水的回用和利用中水系统，从而做到生活节水。

4.2　雨水收集与利用技术

凉山彝族地区虽然有一定量的自然降水，但是随着水资源供需矛盾的加剧，彝族地区仍然面临着缺水问题。而雨水集蓄利用技术作为一个有效的节水措施越来越受到关注。该技术在我国很多农村地区都已经有实际应用，部分解决了农村饮水困难、发展农业补充灌溉及生态用水等用水的不足。

雨水集蓄利用工程经历了试验研究、试点示范、推广应用和蓬勃发展四个阶段，应用的范围从单纯的解决饮水问题扩大到了农业灌溉上，逐步从单一的利用向综合利用的方向发展。雨水集蓄利用工程形式灵活且多样，根据当地的自然条件、地形地貌、降雨分布等实际情况确定不同的工程形式和布局。主要的方法有：农房屋面雨水收集、集雨造林工程、利用田间工程和水利工程集雨蓄水、道路雨水的利用。

4.2.1　屋面雨水收集及处理

屋面雨水收集的方法有：按照雨水管道的位置分为外收集系统和内收集系统，外收集系统由檐沟、收集管、水落管、连接管组成；内收集系统是屋面设雨水斗，建筑内部有雨水管道的系统。屋面雨水收集后经过处理后可回用，或作为景观水池、雨水花园或人工湿地使用（图 4-5、图 4-6）。

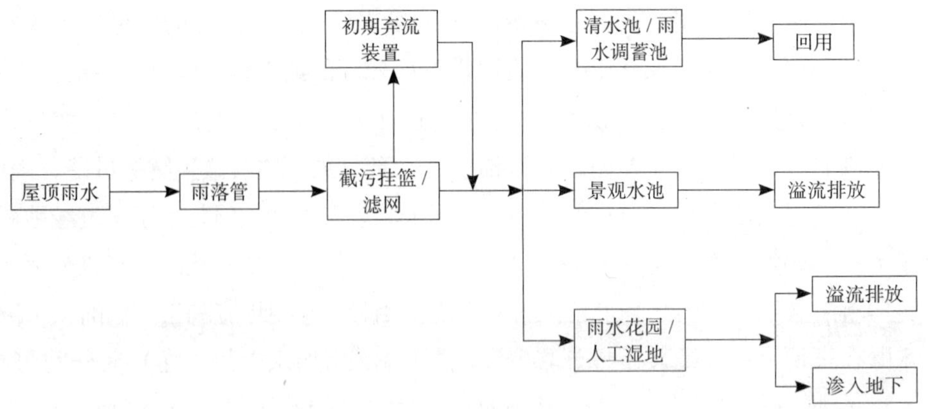

图 4-5　屋面雨水处置方式流程图

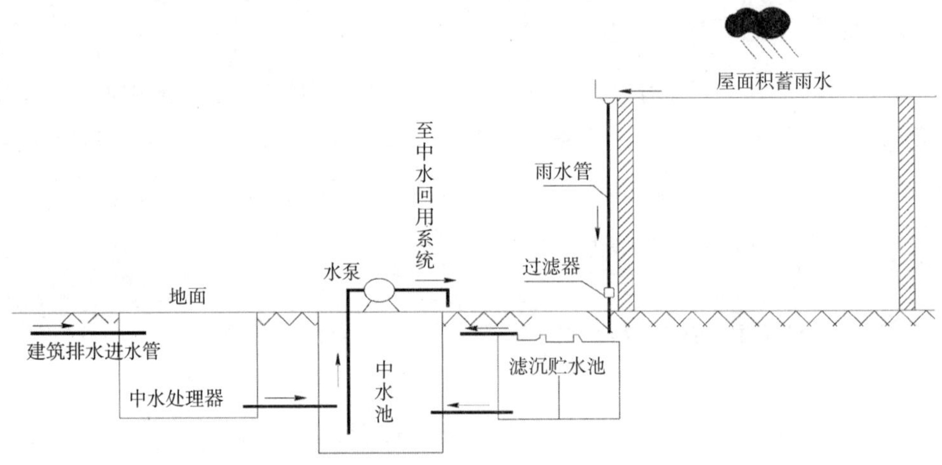

图 4-6　屋面雨水收集和中水联用示意图

4.2.2　集雨造林工程

干旱时天无雨，下雨时山洪暴发，因此保持水土，修复水资源环境的根本就在于加大植树造林的力度，进行大规模的区域性植树种草，发挥林草涵养水源、调节径流、保持水土等综合生态功能，修复水资源贮水空间，使水资源环境向高生态效益的方向发展。集雨蓄水设施是一个完整集水系统的重要组成部分，它可以有效地达到有序的聚集和分散坡面径流的目的，促进雨水的资源化利用。

4.2.3　道路雨水利用

在乡镇间车行道路两侧设置集水蓄水设施，集蓄的雨水经过自然净化和水质处理后，可用于牲畜饮用、农业灌溉、绿化等。利用道路排水设施集蓄的雨水，采用滴灌或喷灌等节水灌溉方式发展道路两侧绿化或道路沿线区域的果园种植，可改善道路沿线的生态环境，缓解司机视觉上的疲惫和紧张，这对于多山地的彝族村寨行车安全也

是大有好处的（图 4-7）。

图 4-7 道路集水图

4.2.4 田间和水利蓄水工程

在平原地带利用农田及小型水利、水保工程拦蓄水，在山区用林草植被、梯田、水平沟和水池、水窖、塘坝等水土保持工程截蓄雨水，利用河渠、坑塘、洼淀调引存蓄起来。引蓄河道基流、汛期洪水淤灌，实行春旱冬抗，即冬季利用河道基流冬灌，存蓄或在寒冷地区搞蓄水养水，既可以增加农田的水肥，又可以减少洪水和泥沙对下游的危害。

其中，充分利用商品化的雨水集蓄设备（图 4-8），有利于增强农业抵御干旱的能力，促进农业的可持续发展，同时又保护了农村生态环境。

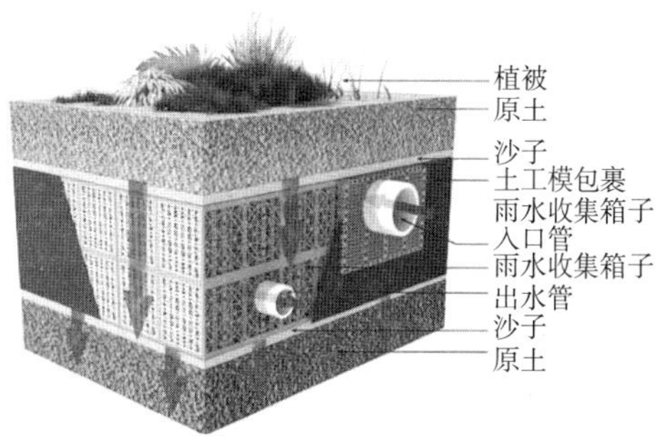

图 4-8 集水设备

4.3 彝族农村污水及其回用

农村污水是村镇居民生活污水和生产废水的总称，通常包括：

（1）农村居民的日常生活污水。随着农村经济的快速发展，农民居住水平提高，使得卫生洁具、洗衣机、沐浴设施普及，产生了大量生活污水，排放量急剧增加。

（2）中小学、当地政府机关、民俗旅游、旅馆排放的生活污水。凉山彝族地区风景优美、民俗独特，旅游业发展迅速。随着外来旅游者数量增加，源自公共建筑、农村旅游点的生活污水排放量也随之加大。

（3）农业及畜牧业的发展，也会加大用水量和排污量。乡镇企业布局分散、规模较小、经营粗放等特点也造成了污水排放量增加，且不容易净化。

4.3.1 彝族农村的污水

在凉山彝族聚居地区，生活污水水质有以下主要特征：由于彝族地区村镇人口较少，分布分散，缺少完善的污水排放管网和污水处理厂，造成污水直接排放、冲刷土壤，但生活污水成分简单，基本不含有重金属和有毒有害物质，氨氮含量偏高。农房厕所排放的污水有机成分含量高，可通过沼气净化后作为肥料再利用。

因此，应对彝族地区村镇污水进行适当处理后加以资源化利用，以减少水肥资源的浪费，避免环境污染，尽可能节约污水处理费用。资源化利用是依据用途将生活污水做适当的处理，避免对环境造成严重污染，但在彝族农村，污水处理无需完全按照城市污水排放标准做无害化处理，对单项污染物的控制指标也不尽相同。

彝族地区农村生活污水的资源化利用方式有二：一是对污水分散式处理后作为资源加以用；二是收集分散的污水后作集中深度处理后再回用。经适度处理后的生活污水可用作灌溉用水、养殖业等卫生用水以及城乡杂用水等。

4.3.2 彝族农村的污水回用

将相近的多个彝族村落的生活污水和城镇生活污水收集并集中处理后，可作为市政杂用水或景观用水回用。但由于本地区农户居住较为分散，每户排放污水量小但全日变化系数大，污水集中收集处理后再资源化利用的方式面临很多问题。

1. 当地居民对生活污水回用的认识不足

由于个体、分散的农业生产方式造成经济社会发展的相对滞后，彝族农户对生活污水资源化利用的意义和可行性认识不足，改变随意排放的生活方式还有待时间。

2. 污水回用基础设施建设滞后

凉山彝族地区农村经济基础薄弱，基础设施建设缺少合理的规划，没有比较完善的污水收集和排放系统，污水和雨水混为一体，一起沿着排水沟或路面流至就近的水体，从而加大了收集污水并处理的难度。如果分散布置多建小规模的污水处理设施，利用效率不高，也需要大量的资金，但是这样不仅忽略了农村生活污水资源化利用对土壤有保持肥力的作用，也造成了很多不必要的资金浪费。

3. 农田用水需求与污水回用

彝族地区农村污水资源化利用的重点在于发展灌溉，但是农田灌溉具有明显的非持续性和季节性，即只有当农田缺水的时候才需要灌溉，而且农田对污水的接纳也有

一定的限度，不仅每次的灌溉量有一个上限，同时全年能够接纳的污水总量也有一定的限度，可是污水的排放却是持续不断的，所以污水需要储存，并对每次的灌溉做出合理的安排，否则极容易造成水体的污染。

4.3.3　绿色农房污水处理技术

由于多种困难因素，在凉山彝族地区，生活污水集中回收处理在目前还是比较困难的，但随着社会主义新农村建设的发展，生活水平在不断提高，为改善当地居民的生活环境，可以考虑在新的绿色农房建设时，考虑引入适合单个建筑规模的污水处理术，如小型中水回用技术（图 4-9）。

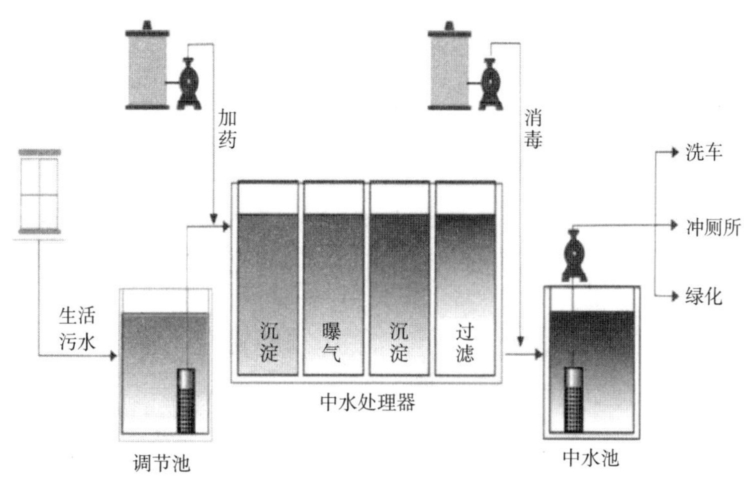

图 4-9　小型中水回用系统原理图

1. 中水处理系统

“中水”主要指污水经处理后达到一定的水质标准，可在一定范围内重复使用的非饮用的杂用水。可回用于农业灌溉、工业用水、市政杂用、地下回灌。中水回用具有：技术可行性、经济可行性、政策可行性的特点。所以从可持续发展的角度看，推进污水资源化，大力发展中水再生回用，使供水和排水为一体循环、互相补充，将两种资源合理配置，是解决我国水资源短缺的重要途径和手段。

根据彝族农房所排放的污水特点，可分两种情况进行分别处理：

以盥洗室、洗浴间等相对优质的杂排水（洗浴、盥洗、冷却水等）作为中水处理的原水时，适合采用生物——物化组合流程和物化流程两类工艺流程，其中所采用的生物处理工艺主要为生物接触氧化和生物转盘工艺。物化处理工艺主要为混凝沉淀、混凝气浮、活性炭吸附、臭氧氧化、过滤及膜分离等工艺。最后通过消毒单元，即可作为可再利用的次水资源。其流程图如图 4-10 所示。

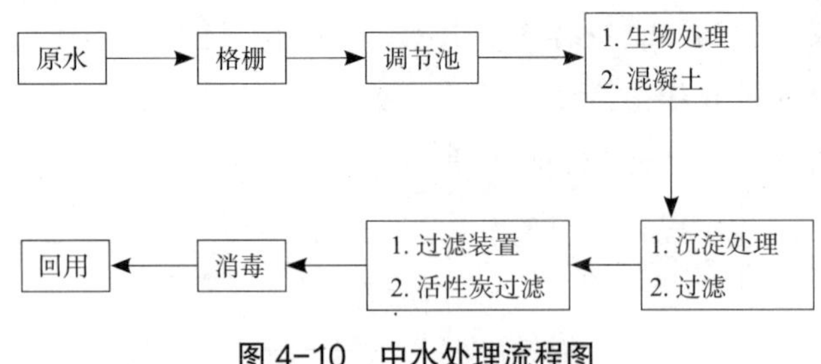

图 4-10　中水处理流程图

综合生活污水（不含粪便）为原水的处理比较复杂，一般用生物氧化工艺（图 4-11）或水解—生物接触氧化为主的工艺流程（图 4-12）。

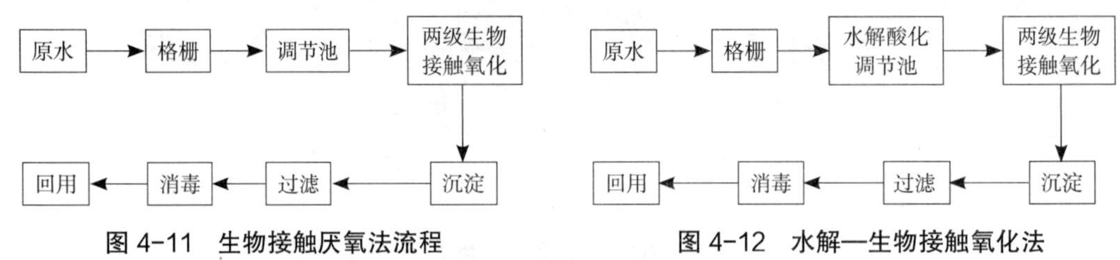

图 4-11　生物接触厌氧法流程　　图 4-12　水解—生物接触氧化法

2. 小型污水处理设备

除了利用中水系统对生活污水进行处理，还可以利用小型污水处理设备，对除生活污水以外的污水进行处理。目前国内外应用农村生活污水治理的处理技术比较多，但从工艺原理上通常可归为两类：自然处理系统和生物处理系统。而常用的小型污水处理设施有：膜生物反应器工艺、人工湿地处理工艺、无动力地埋式污水处理工艺。

膜生物反应器（MBR）技术：是将膜分离工程和生物处理工程有机结合的一种新型高效污水处理技术，它同传统的、单一的活性污泥处理办法更节能、节水、节约空间资源，它主要是由生物反应器和膜组件两个单元设备组成。整个处理系统包括预处理、化粪池（调节池）、膜生物反应器等组成。生活原污水经过预处理后进入化粪池（调节池）再进入膜生物反应器，在反应器内经微生物处理，得到高质量的出水（图 4-13）。

膜生物反应器（MBR）技术采用先进的膜技术，结构紧凑、占地面积小、高效节能、能量消耗低、处理后的水质好、可无人看管、全自动运行。但是其缺点是投资较大，后期维护较多。由于 MBR 设备购置成本高，日常运行管理需要消耗电能，因此适用于对出水水质要求较高、经济条件较好的单村与联村污水集中处理。

人工湿地处理技术：人工湿地系统通过模拟自然水生动植物生态系统的功能，优化组合及协同自然生态系统中的物理、化学及生物作用，实现对污水的处理。人工湿地污水处理系统是在一定长宽比及底面有坡度的洼地中，由土壤和填料（天然物质等）

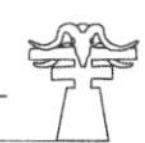

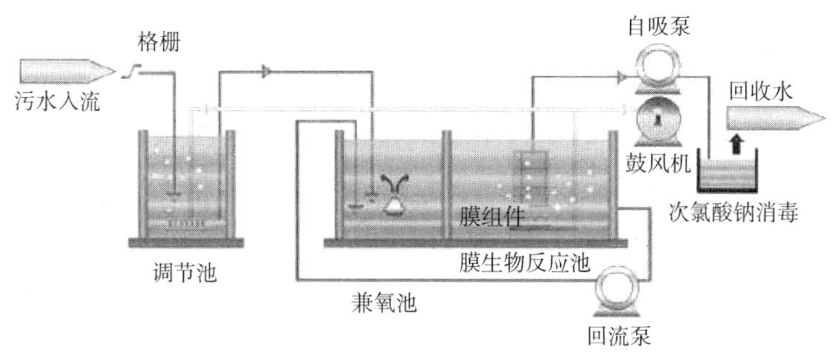

图 4-13　小型污水处理系统图

混合组成填料床，污水可以在床体的填料缝隙中流动（潜流式湿地），或在床体的表面流动（表面流湿地），并在床的表面种植具有处理性能好、具有景观价值的多年生水生植物（如芦苇、菖蒲、水葱等）人工湿地污水处理工艺主要由预处理、人工湿地、出水调节井及管道、阀门系统组成。

人工湿地系统处理污水可以适合不同的处理规模，基础建设的费用低廉，处理单元简单修建即可，不需要复杂的机械设备，易于运行维护与管理，人工湿地的主要材料如碎石、砂砾、土壤等均可以就地取材，处理系统可以依地势而修建，污水自动流入，不需要额外的动力，所以其运行费用低廉。但其缺点是生态处理技术需要较大的面积，有条件的农村地区可充分利用周围的废池塘、沼泽地来建设人工湿地的处理系统。

无动力污水处理设备基本工艺流程为：污水、一级消化、二级消化、过滤、接触氧化、消毒、出水。有高程落差条件的村庄适合采用该种无动力净化污水系统。无动力地埋式污水处理设备适用于污水处理量较小的情况，它最大的优点是：没有动力的消耗，基本上不需要房屋，不需要采暖保温措施，没有臭味，对周围环境基本无影响。其缺点是因为设备埋在地下，给维护检查工作带来了很大困难，设备一旦损坏，很难维修（图 4-14）。

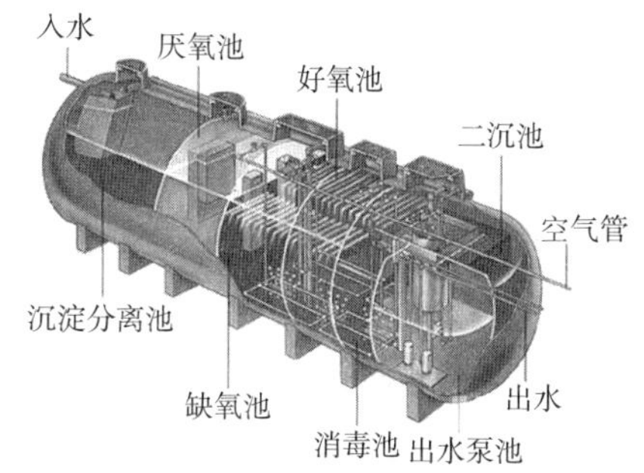

图 4-14　小型污水处理设备

4.3.4 灌溉用水

农村生活污水是重要的水肥资源，因为含有氮、磷、钾、锌、镁等多种种植物所需的营养成分，且有丰富的有机质悬浮物，若用于灌溉，不仅可为种植业提供优质的肥料，而且还能够为土壤中的有益微生物提供食物，提高微生物活性，使其在改善土壤结构方面发挥作用，为保持和提高土壤肥力做出重要贡献。

第 5 章　彝族农房节材与施工工艺

5.1　凉山地区主要建材

凉山彝族传统民居结构形式多为木构架承重，以生土墙或竹篱为围护结构，由于屋顶材料不同而形成土掌房、竹篱闪片房、板屋土墙、麻秆房、茅草房、瓦房、压泥箭竹房、薄沙石板房以及井干式结构的垛木房（木楞房）等多种形式。由于山地多平原少，地形复杂，交通不发达，建材运输成本过高，建房造价受限制，彝族传统民居建筑取材于本地木材、石材、生土、草、砂等天然材料以及砖、瓦、灰等人工材料，具有以下优点：

（1）就地取材。彝区的泥土、石材、木、竹、秸秆、草类等资源丰富，建房所需的竹、木、石、砖、小青瓦等均取材于本土。

（2）加工简便。彝区的建筑材料大多是直接使用或是只经过简单加工，建筑形式朴实。

（3）生态环保。大多数建筑材料可回收利用或可自然降解，建筑融于自然环境。

5.1.1　天然材料

1. 木材

山地森林资源丰富，可就地取材。木材轻质高强，弹性、塑性和韧性好，能够承受一定的冲击和振动荷载，有优良的抗震性能。同时，木材构件易于拆卸，容易进行锯、刨和雕刻等各种形式的加工，木材导热系数小，保温隔热性能好。木材无论在干燥环境中还是长期保持在水中，都有很好的耐久性，而且木材纹理美观，装饰效果好，触觉效果柔和。

在自然资源中，木材属可再生资源，在木材的开采、加工、使用，直至废弃的全过程中，对自然环境没有污染，是现代建筑“钢材、水泥、塑料、木材”中唯一可再生、又可多次循环利用的天然材料。

除了采用木构架作为承重或部分承重的构造，木材在彝区农房的门窗、隔断、围护、装饰等各个部位也广为使用（图 5-1）。

2. 生土材料

生土是指未经焙烧的土壤，生土可就地取材，价格低廉，加工简单，取材方便，是经济落后的乡建的首选材料。大凉山地区的土质细腻，干湿适中，为农房建造提供了大量方便易得的材料。

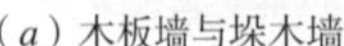
（a）木板墙与垛木墙

（b）木板瓦

（c）木构架

图 5–1　彝族民居中的木材应用

生土筑墙保温效果良好，冬暖夏凉，在彝族传统民居的墙体和部分屋顶上使用，以土掌房为生土材料的代表民居形式（图 5-3）。常见的土质墙有夯土墙、土坯墙、金包玉墙体等构造形式（图 5-2）。其施工方法有挖余法、夯土板筑法、土坯砌筑法等，墙体砌筑方式可分为整体式和砌块式两种。

（1）夯土墙

夯土墙是将泥土夯打、捶压结实，砌筑出墙体。夯土的施工过程一般有取土、配料、支模、夯筑、拆模、修整，具体过程多是用可拆卸的模板竖向围合成待建墙体的空间，然后把混合好的生土材料倒入模板中，利用人工一层层的夯实直到填满模板，然后拆下模板继续搭建、夯筑，如此反复。夯打出的墙体牢固、耐侵蚀，在传统民居中多是作为承重墙。夯土墙中使用的土材料往往并非生土一种材料，多是土壤和其他材料的混合。夯土墙中使用的土壤因地域的不同的而呈现不同的颜色，常见的有黄色，红色，黑色，褐色等，即使是同一种颜色也会有深浅的不同，同时夯土墙体由于其层层夯筑的工艺，会产生横向的延展肌理和色彩的变化，有着天然的美感。传统的夯筑工具主要有模板和夯锤，模板有版式和椽式。

彝族民居夯土墙的营建常混入碎石、砂砾，增加夯土墙的强度。在墙的转角处加入木棍、竹条起到加强结构稳定性的作用，以应对地震等灾害。

（2）土坯墙

土坯是没有烧制的土块，又叫土砖。土坯预制的工序是先将水与泥土混在一起，拌成稠度适中的糊状，然后放入矩形的模具中夯制成型，拆模后自然晾干即可使用。模具有单模和多模之分，单模模具一次只能做一块坯，多模模具一次可做多块坯。土坯墙的砌筑劳作程度只需一两人，砌筑时按照丁、顺组合，一层一层叠置，层间粘接也是用糊状稀泥。土坯制作不受天气和季节变化的限制，施工时较夯土墙简便，可以塑造出各种花纹，土坯也可以用于修建火炕、火灶等。

但土坯墙不耐雨水的冲刷，因此常在其表面抹草泥面或其他面层来保护。

（3）"金包玉"墙体

是用土与砖两种建材共同构筑的墙体。建筑过程是先用烧制砖块以丁、顺、平相互组合的砌筑方式，形成小空腔体，然后把土倒入中空部位填实，再砌第二层，层间砖缝均要错位。

（a）夯土墙

（b）土坯墙

（c）"金包玉"墙体

图 5-2　彝族民居的土质墙

（4）土掌房

这是一种土木结构的平顶房，因屋顶以土铺成，俗称土掌房。房屋结构是用木梁承重，四周夯土为墙或垒石、土坯墙，内隔墙用木板或土坯。建造时以木为柱，土坯筑墙，墙高到 2 ~ 3m 时用木椽封顶，墙上搭放圆木梁，木梁上架横梁和檩条，上面铺木板或劈柴，其上再铺上青松毛后再盖上掺合有草和泥的黏土，然后经洒水捶压并拍打严实，形成平台屋顶，屋顶覆土约 20cm 厚。屋面平展整洁，坚固牢实，顶上可作晒场或凉台，室内冬暖夏凉。

土掌房的建筑材料均为就地取材，建造工艺简单，造价颇为低廉，且易于维修。彝族土掌房村寨多修建于海拔 2000 ~ 3000m 的干旱、坡陡山区。

图 5-3　凉山彝族传统土掌房

3. *石材*

天然石材强度高、防水耐磨、耐久，同时石材结构致密、强度高、坚固耐久，既是良好的承重材料，也是良好的蓄热材料，但石材不易加工的特点使得石材的使用不及木材那样广泛。石材的吸水性弱，不易返潮，作墙基可以隔潮气，保护上部的土质或木质墙体，延长房屋的寿命（图 5-4）。

（*a*）石砌基础

（*b*）石柱基础

图 5-4　彝族民居中的石材运用

砂岩、页岩和片麻岩是凉山地区的主要石材种类。在传统民居中，硬度低、开凿容易的砂岩和页岩来砌筑台基、石墙等，页岩纹理较薄，易分解成片、分层状，可作为屋顶瓦材，青石和花岗石来做地面铺装。彝区的石灰岩资源丰富，烧制成生石灰质量很高，有些红黏土和风化的细页岩形成的土质适宜烧制青砖和小青瓦，以及用于砌造空斗墙的薄型砖。夹杂着风化砂页岩的黏土，则多用于版筑土墙。

石材的开采、加工、运输耗费大量的人力、物力、财力，除盛产石材的地区外，一般只用于建筑的基础部分，防止潮气的腐蚀。同样一般民居中石材的使用较为粗糙，经济状况较好的民居会使用经过打磨的石料，并且会加以雕刻装饰。在夯土墙普遍用于民居营造的地区，用石材砌筑建筑外围护墙是房屋主人身份和能力的一种体现。

4. 竹材

竹子是多年生草本植物，其生长快，产地广，产量多，具有经济性好，轻质、保温作用明显，强度高，弹性好的优点。凉山彝区的湿热地区盛产竹材，彝族人民对竹材运用纯熟，从竹屋、架竹棚子到竹凉席竹背篼，在木材难得，钢材、水泥等建筑材料造价高的情况下，加强竹材在建筑中的利用研究，是建造绿色农房的一条有效途径。

传统民居的楼面、屋面经常使用竹材，竹还可以做墙的骨料或编织成围墙、篱笆、防护网。竹编夹泥墙在四川传统民居中是常用的筑墙方式，一般做法是将墙壁的柱枋分成二三尺见方的格框，在格框中用竹条编制成网并嵌固，在网上糊以起拉结作用的

泥浆来稳固墙体，外部再抹上石灰浆以保护内部构造。竹编夹泥墙轻薄透气，清爽雅致。不易开裂，做法简易（图 5-5*a*）。

5. 植物材料

在彝族传统民居建筑中广泛应用的植物材料如茅草、芦苇、麦秸等，取材容易，价格低廉，可用于覆盖屋顶（图 5-5*b*），或与黏土结合在一起制成土坯砖用于砌筑墙体。茅草、芦苇、麦秸还可编织成帘用于遮挡日光的暴晒。

（*a*）竹片墙

（*b*）茅草顶

图 5-5　彝族民居中竹材、草的运用

5.1.2　人工材料

随着彝族人民生活水平的不断提升，除了木构架外，现代彝族农房越来越多地采用砖混、框架等结构形式，一些富户开始修建花园庭院式的新房，院落另设厨房、储藏间、畜圈等，大量使用了现代建筑材料。

1. 砖

砖是由生土烧制而成的人工材料，强度高、耐腐蚀，但成本也较高，彝族传统民居中多是采用空斗墙做法或是和其他材料结合使用。空斗墙是指内外两面使用砖砌、中间留空的砖墙形式，它具有节省材料、自重轻和隔热、隔声等优点。有些还会在空斗墙中填入碎石、生土、炉渣等材料，以提高其隔热性能。部分民居中使用砖墙和土坯结合的“金包银”方式，能更好地防止雨水对土墙的冲刷，美化房屋。

砖主要作为墙体的砌筑材料，同样也是重要的装饰材料，刻有民族吉祥纹样的砖雕广泛应用于民居建筑中，主要分布在屋脊、山墙等处。即使没有雕刻，砌砖的不同方式也会产生不同的装饰效果，清水砖墙以本身不匀称的色块和纹理来达到朴素的装饰效果；砖的横砌和丁砌的组合方式不同，砌筑出不同纹理的墙体；花砖墙的砌筑方式更能做出不同的装饰效果，应用于女儿墙或是私家园林中，既可分割空间，又可以观赏，同时还可以透景，是民居中常用的手法。

彝族传统民居用砖多为实心黏土砖，但其浪费能源、毁坏耕地，应逐渐转用不破坏自然环境，能够消化固体废弃物资源的砖，如粉煤灰砖，煤矸石砖等。主要有以下几种：

（1）烧结多孔砖

烧结多孔砖是以黏土、页岩、煤矸石、粉煤灰等为原料，焙烧而成，孔多小而密，孔洞率不小于23%，可用于承重墙，节约土地资源和能源。它主要有KP1（P型）多孔砖和模数（DM型，M型）多孔砖两大类，P型在使用上接近普通砖，模数多孔砖在推进建筑产品规范化、提高效益，节约材料等有一定的优势。

多孔砖保温隔热、隔声性能好，能减轻墙体自重，有利于抗震，施工中不用砍砖调缝，有利于提高劳动效率，减少砌筑砂浆6% ~ 8%（图5-6）。

（2）硅酸盐砖

硅酸盐砖是以砂子或工业废料（如粉煤灰、煤渣、砂渣）等含硅原料，配以石灰、石膏等胶凝材料与适量的骨料及水拌合，经过成型和蒸汽养护而成的蒸压产品，不含或含少量水泥，以所采用的硅质材料的种类命名，如蒸压灰砂砖、蒸压粉煤灰砖、煤渣砖等（如图5-6）。

图5-6 烧结多孔砖与蒸压灰砂砖

2. 砌块

适用于凉山彝族农房的砌块种类有混凝土砌块、混凝土空心砌块、加气混凝土砌块等。

（1）混凝土空心砌块

是以水泥、砂、石加水搅拌后，在模具内振动加压成型，或以水泥和陶粒、煤渣、浮石等轻骨料，加水以及一定的掺合料、外加剂、普通砂等经搅拌，轮辗、振动、成型、养护而成的砌块。根据主规格的高度，砌块分为小型空心砌块390mm×190mm×190mm，中型空心砌块以及大型空心砌块（图5-7）。

图5-7 混凝土空心砌块

其所建房屋具有如下优势：节土、节能、符合国家基本政策；承载力高，相同强度等级块材

和砂浆的砌体抗压强度是砖墙的 1.5 ～ 1.8 倍；孔洞率约为 50%，较砖墙轻，可减轻基础结构荷载，因而也可以减少基础材料用量；施工快，一块砌块相当于 9.6 块标准砖，可提高施工速度，也可减轻运输；因墙厚较标准砖薄，可节省结构面积。

普通混凝土小型空心砌块具有保护耕地、节约能源、综合效益好等优点，可用于各种墙体、壁柱及各种建筑构造等。

（2）加气混凝土空心砌块

它是以硅、钙为原材料，以铝粉为发气剂，经蒸压养护而制成的砌块、板材等制品。蒸压加气混凝土制成的砌块，可用作承重和非承重墙体或保温隔热材料等。具有如下特点：轻质。孔洞率一般在 60% ～ 70% 之间，其中由铝粉发气形成的气孔在 40% ～ 50%，大部分气孔孔径在 0.5 ～ 2mm，平均孔径在 1mm 左右。由于这些气孔的存在，其体积密度通常在 300 ～ 800kg/m^3 之间，比普通混凝土轻很多；具有结构材料必要的强度，以密度为 500 ～ 700kg/m^3 的砌块来说，强度一般为 2.5 ～ 6.0MPa，具备了作为结构材料的必要强度条件；弹性模量和徐变系教比普通混凝土要小；耐火性好。加气混凝土是不燃材料，在受热至 80 ～ 100℃时会出现收缩和裂缝，但在 700℃以前不会损失强度，并且不散发有毒气体，耐火性能卓越；保温隔热性能好。加气混凝土的导热系数在 0.09 ～ 0.22W/（m・K）之间，具有优良的隔热保温性能；吸声性能好，吸声系数为 0.2 ～ 0.3，优于普通混凝土；耐久性好。加气混凝土砌块长期强度稳定；易加工。可锯、可钉、可钻；施工效率高。

3. 瓦

一般分为板瓦、筒瓦、瓦当滴水。不同地区有不同的铺瓦方式，如筒板瓦、仰瓦、冷摊瓦等。凉山彝族民居多是采用板椽，直接在椽上干摆阴阳板瓦，也有为加强保温隔热能力，在椽木上铺设草席或望板后涂抹厚厚的草泥或灰泥，再将小青瓦铺砌其上的作法。瓦也可以砌筑出不同的图案，用于女儿墙、山墙、屋脊等，具有丰富建筑艺术表现力。

4. 白灰

白灰由石灰石焙烧而成，常常用作黏合剂抹墙、砌砖、粉刷，经济、实用、美观。白灰也可作为墙体砌筑砂浆，与土、沙等材料混合用于砌砖，是民居建筑承重墙施工中常见的材料。彝族民居中，照壁是其重要的设置，壁面即以白灰抹面，施用少量的山水花鸟装饰，使整个照壁格外的质朴素雅。

从以上可以看出，大凉山彝区应用的各种地方材料有其自身本质特性，能够直观地展现出彼此不同的材质、色泽和肌理，且都与其所在的自然环境紧密相关。都以不同的建构方式和相应的技术工艺，来就地选择最方便获取的材料，尽管在建构的过程中也受到不同程度的限制，但其就地取材所包含的环境认知和选用的灵巧智慧对我们今天很有启发。

5.2 农房建设的节材策略

农房建设节材的途径主要从优选建筑材料、设计方案优化以及施工技术改进三个方面来考虑。

5.2.1 优选建筑材料

选择高强度、低污染的现代材料如新型墙体材料替换实心黏土砖、石材等高污染、高耗能材料，采用一部分工厂预制件替代现场加工，采用商品混凝土与商品砂浆，减少材料浪费与损耗，节省砂石料以及水泥用量。采用轻质高强的构件材料，减少农房的自重，提高结构材料的耐久性，增加农房的使用寿命；采用固体废弃物以及可再生材料的利用技术，实现循环经济。

1. 新型墙体材料及围护结构材料

传统黏土砖的制作毁坏耕地、耗费能源，不应再用作新型绿色农房墙体材料。对经济条件好的农户，可考虑采用钢筋混凝土框架承重结构，墙体为填充墙，以空心黏土砖、混凝土加气砌块、混凝土空心砌块为主，这些新型的墙体材料具有自重轻，保温隔热性能好等优点，能提高农房的热工性能。

2. 散装水泥与商品混凝土

在绿色农房建设中采用散装水泥、商品混凝土和农房部品是节约材料的有效手段。

（1）散装水泥与商品混凝土

传统的袋装水泥，运输过程中会破损泄漏，使用中有粉尘飞扬，不仅消耗大量包装纸，废弃物也污染环境。从 20 世纪 90 年代起我国大力推广散装水泥以节约资源，保护环境。

目前在农村，袋装水泥使用量仍然较大，农房施工的现场搅拌也造成环境脏乱差。由于农房建设的水泥需求量小而分散，不利于集中供应，缺乏商品混凝土搅拌站等都影响了散装水泥的推广使用。随着农房联建和集中建房模式的推广，为农房采用散装水泥开辟了新途径。

应从以下方面考虑节约水泥：因地制宜，依靠与农村使用点近的水泥企业，实施就近配送供应，降低销售价格，增加农民使用散装水泥的积极性；发展小型商品混凝土搅拌站，推广混凝土与砂浆的商品化供应；加大专项资金投入力度，扶持企业设立水泥中转仓库等。

商品混凝土是在混凝土搅拌站按照一定的配合比，将水泥、砂、石、水、矿物渗合料和外加剂等原材料通过机械搅拌程序加工后，利用商品混凝土运输车送到工地，再利用混凝土泵车或人工浇注的混凝土产品。由于其具有质量高，污染小，节约水泥，利用粉煤灰，矿粉等固体废弃物多，施工方便等特点，从 20 世纪 90 年代起在我国推广使用，至今发展迅速，在主要城市的商品混凝土使用率已超过 90%。在经济发达地

区的农村新建住宅中，也大量使用商品混凝土。

与商品混凝土相比，现场搅拌混凝土普遍只采用水泥、砂、石与水，很少添加固体废弃物如粉煤灰、矿渣粉等，消耗大量砂石资源，水泥用量增加 20% ~ 30%。而水泥是高耗能、高污染、高排放产品，生产 1t 水泥要排放 1t CO_2。另外，由于商品混凝土现在已普遍掺加尾矿砂、机制砂等，天然河砂用量少，有利于保护河道环境，所以从节材、节能的角度出发，在农房中推广商品混凝土有很大的意义。

在彝族聚居区扶持小型商品混凝土搅拌站，不仅可以推广使用散装水泥，提高混凝土质量，还可以利用尾矿废料，减少尾矿堆放占用的土地资源，保护生态环境，也有利于提高农房使用寿命，减少改建造成的资源浪费。

（2）农房部品

住宅部品是构成住宅建筑某一部位的产品，由建筑材料或单个产品和零配件等，通过设计并按照标准和规程在现场或工厂装配而成，且能满足住宅建筑中该部位规定的功能要求，如整体屋面、复合墙体、组合门窗等。由于住宅部品是根据住宅设计要求，按需生产，最大限度地减少了原材料的使用与损耗，在装配现场也减少了二次加工的过程，施工效率高，工程质量有保证。

3. 轻质高强材料

轻质高强材料主要有高强钢材、高强混凝土、钢管混凝土、轻骨料混凝土、加气混凝土、石膏板、高强空心砖、加气混凝土外墙板、GRC 复合墙板、彩钢聚苯乙烯泡沫塑料复合板等。采用轻质高强的建材，能节约大量的砖、石灰、砂和石等材料，并能减少水泥、钢材的用量。

据估算，我国的传统建筑材料运输量约占全国长途货运输量的 1/5、短途运输量的 2/5，采用轻质高强建材，可使材料运量明显节约。对于建筑本身来说更可使结构更经济、有利于抗震，还能够减少结构截面尺寸和减薄墙身，增加房屋有效使用面积。

4. 提高结构材料耐久性

彝族农房最主要的结构材料除了砖、砌块，就是钢筋混凝土了。采用高性能混凝土技术，提高混凝土的耐久性，可以大大增加建筑物寿命，减少混凝土使用量。

高耐久性混凝土或高性能混凝土，不仅强度高，其长期耐久性能如抗碳化性能、抗冻融性能、抗渗性能、抗氯离子渗透性能、抗开裂性能等也更好。通过长期对混凝土结构破损的研究，发现很少有混凝土受力破坏，大部分的混凝土因受到侵蚀物质的破坏，造成混凝土开裂、碳化层破坏、钢筋锈蚀、混凝土剥落等。通过优化混凝土配合比，添加矿物掺合料、混凝土外加剂、纤维增强材料等可以明显提高混凝土耐久性，从而提高工程质量。

5. 固体废弃物及材料的循环利用

固体废弃物是指在工业交通等生产活动中产生的固体废物，其对人体健康或环境危害性较小，如钢渣、锅炉渣、粉煤灰、煤矸石、工业粉尘以及各种尾矿等。循环利用材料是指对回收物质进行材料的直接再利用，或经过再加工后利用的材料。农村的工业固体废弃物相比城市比较少，但是各种矿山开采的尾矿比较多，很多尾矿略加处理可以作为混凝土和砂浆的粗细骨料，从而减少天然河砂的开采。

彝族农村建房有不少是在原址拆旧建新，被拆除的砖、砌块等在清理后可以再次使用，原来的木梁、混凝土梁在确保安全的状况下可以有选择地使用，原来的门窗材料等可以进行改造，使其符合现有住宅热工性能后再利用，而干净的建筑垃圾则可以作为基础垫层材料使用。地坪材料可大量应用尾矿砂、混凝土、砂浆等固体废弃物。

对于结构材料，除使用钢筋混凝土外，在林区可采用速生木制作的木结构，有条件的地方采用钢木结构、轻钢结构等，这些材料在今后房屋拆迁后都可再继续使用。

5.2.2 优化建筑设计

1. 优化设计减少材料消耗

建筑中可再循环材料包括两部分内容：一是用于建筑的材料本身就是可再循环材料；二是建筑拆除时能够被再循环的材料，如金属材料（钢材、铜材等）、玻璃、铝合金型材、石膏制品、木材等，而不可降解的建筑材料如聚氯乙烯（PVC）等材料不属于可再循环材料范围。充分使用可再循环材料可以减少生产加工新材料带来的对资源、能源的消耗和对环境的污染，对于建筑的可持续发展具有非常重要的意义。

农房中的木构架、烧制砖、瓦、生土等材料都可循环利用，现代的钢、轻钢结构也可循环再利用，但是混凝土、水泥砂浆、预制楼板、硅酸盐砖等清理困难，几乎无法再次利用，拆除后只能作为骨料或填充料使用，降低了使用价值，条件许可时宜采用石灰基或石膏基的砌筑抹灰砂浆，有利于再次利用。

相同的设计方案，选择不同类型的材料对主要结构材料的用量影响很大，如选择混凝土时就宜选择较低的设计强度。因为农房用途恒定，建筑开间较小，荷载也不大，其楼板配筋往往是按最小配筋率来控制的，而构件的最小配筋率是同混凝土设计强度相关的，使用 C30 混凝土与使用 C40 混凝土相比，前者可节省 19.5% 的 HRB335 钢筋。

2. 预制件的模数化、标准化

在彝族绿色农房建设中采用标准规格预制构件替代现场浇筑的构件，可大为减少现场工作量，提高产品质量，降低材料消耗。但如果预制构件尺寸偏差大，会造成很多材料的浪费，包括辅助配件的大量使用以及需要现场切割构件，增加现场施工的困难，很多非标尺寸以及异形构件的使用也会造成拼接困难，需要大量密封材料。因此在彝族绿色农房设计中，应通过模数协调实现不同构件的互相协调，减少因为尺寸规格不一而造成的材料浪费，构件标准化同时也可以实现：

（1）便于农房建筑的设计、部品制造、施工承包、维护管理、经销等各个环节人

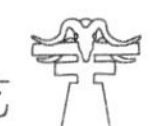

员按照同一个规则去行动，实现各个环节人员之间的合作与配合，生产活动互相协调。

（2）优化相关部品系列的标准尺寸数量，原则上就是要利用数量尽量少的标准件，实现多样性而不限制农房设计的自由度，给予设计人员最大的灵活性。

（3）使部品就位的放线，定位和安装规则化、合理化并使农房生产各个方面实现利益最大化，实现成本、效率和效益的综合目标。

3. 土建装修一体化设计

一些集中建设农房很可能由于设计无法满足住户的实际使用需求，在住户入住后进行二次装修，敲掉大量隔墙、粉刷重做，有的甚至重新调整布局，这不仅造成大量建筑垃圾，有的还影响农房的结构安全。在农房设计时应为后续的室内装修预留一定的空间，可以灵活布局，减少装修的拆墙行为。

5.2.3 建筑施工

农房建筑的施工环节也可以节约材料，如尽量就地取材，减少建筑材料的运输环节；加强工程物资与仓库管理，优化备料方案，降低材料剩余率；通过精细的施工组织和施工管理降低材料损耗、减少垃圾产生。

1. 就地取材，减少材料运输

建筑材料由于分量重、体积大，运输成本相当高。凉山彝族地区工业落后，交通不便，从很远的地方运输建筑材料不经济，所以在农房设计中尽量采用当地建材，以减少材料的运输，有利于节能减排。

2. 优化备料方案，降低材料剩余率

不论是集中建设，还是农民自建房，都需要做好材料管理。首先是按照图纸确定合理的施工方案，合理地进行材料预算，对各种材料的用量以及配件的数量要精心计算，减少损耗，对于一些运输环节容易破损或者不易保存的材料要根据施工进度、库存情况等制定采购计划、采购数量，避免材料积压浪费。计算材料用量要考虑合理的损耗，但不能完全根据施工工人的经验采购各种物资，否则会造成有些材料短缺，有些材料过剩，既影响工期，又浪费材料。

项目开工前，要进行物资管理的前期规划，对材料用量进行统计准备。主要是工程合同中已经明确需要使用的工程用料、施工用料、辅助材料，劳防用品、周转材料等，对各种规格，各种型号的用量要分类进行统计，合理安排进场时间，加强工程物资与仓库的管理，减少盲目的采购而造成的物资积压。

设计要精细，严格控制设计变更，设计变更极易造成材料的浪费，甚至产生很多建筑垃圾。

3. 科学管理，减少建筑垃圾

很多彝族农房是由农民自己组织亲朋好友一起施工，施工水平不高，材料损耗大，产生很多建筑垃圾。以砌体工程为例，不熟练的建筑工人会过量使用砌筑砂浆，抹灰时也会造成大量落地灰无法再次使用，成为建筑垃圾。由于缺乏科学管理，在工地运输环节，在材料裁剪加工时，一些易碎的瓷砖、瓦片等都可能会有过多边角料产生，增加材料损耗。

对周转材料进行保养维护，维护其质量状态，延长其使用寿命，按照材料存放要求进行材料装卸和保管，避免因存放条件不合理而浪费。施工现场应建立可回收再利用物资清单，制定并实施可回收废料的回收管理办法，提高材料利用率。

在农房建设中要推广经过资质认可的专业施工队伍，减少农民自发的建设行为，以保证施工组织以及管理质量，对于减少施工环节材料耗费和建筑垃圾的产生，控制建造成本，有重要意义。

5.3 地方建材选用

彝族绿色农房建设中建筑材料的选择应该遵循以下原则：

1. 绿色可持续原则

目前，在彝区农房建设中常用的材料有砖、瓦、砂、石、水泥等，有一些对自然生态环境造成破坏且不可再生，应该尽量减少其使用量，另外寻找可替代的绿色建材。比如以秸秆石膏渣空心砌块替代黏土砖作为墙材，将可以大大减少对土地的侵占和生态环境的破坏。

过去在彝族传统民居中使用的土、木、竹等材料，是当地人民顺应自然的结果，也符合绿色原则。比如生土的应用已经有很长时间了，现在却被逐渐弃用，但只要建筑师能够充分理解并合理设计，这些传统材料仍能发挥重要的作用。凉山彝族聚居区的建材资源丰富，在设计利用方面可以借鉴学习国内及国外很好的经验。

2. 因地制宜原则

在彝区农村建房，应该立足于现实情况，既尊重传统智慧，同时也不排斥现代文明。因为传统材料和新型材料都各有短长，传统材料的缺陷需要现代技术加以弥补，新型材料则需要适应农房实际情况。不但应该因地制宜和就地取材，对于材料的选用和加工，还要考虑“因材设计”。通过合理搭配使用材料，优势互补，使得建筑与环境融合，显示出明确的地域特色。

在农房建设中，多利用农村特有的材料资源，以减少其他材料的使用量。可根据当地的资源特色，充分加以利用，如林区山地可多采用木材，河谷地区多采用黏土，山区多利用石材等。彝族农村以种植业为主要产业，有很多农作物秸秆等可以做秸秆砖、秸秆板材等，稻壳灰可以作为添加剂用在水泥混凝土中，河道淤泥也可以制砖使用，既节省土地资源，又可以清洁河道，一举多得。

5.3.1　生土材料

生土分布广泛，取材方便，生土墙体具有冬暖夏凉的特性，是彝族民居长期以来普遍采用的建筑材料。无论是从可持续发展的角度，还是从建设生态文明来看，生土材料都是前景良好的绿色建筑材料，在建筑上有多种应用方式。

1. 土坯砖

土坯砖是一种尺寸模数化的晒干或风干的泥土砖，施工过程与烧制砖类似，但土坯砖不需烧制，拆除后可回收再利用，不浪费耕地，也不污染环境，缺点是强度低、抗震性差。

2. 草泥黏土

草泥黏土是沙子和灰泥加上稻草、麦秸秆和水，混合之后而形成的坚硬泥土。可用作为外墙材料，兼具保温和隔热的性能，适合于被动式太阳能建筑。但当草泥黏土长时间地处在潮湿的状态，黏土中的植物纤维就会腐烂，从而削弱墙体的强度，甚至会造成建筑的倒塌。因此应用草泥黏土应该充分做好基础的防水和屋顶的防雨措施，比如在基础部位使用石头、混凝土等防水材料建造，采用大挑檐的屋顶，外墙有灰泥保护层，防止雨水对墙体的侵袭且墙体内的水气也可以排出来。

草泥黏土的组成材料很容易被环境吸收，在建造期间和废弃后都没有废物处理的问题，也是一种低物化能量的建筑材料，材料的能耗比任何其他建筑体系都低，而且沙子和黏土都可以在当地取得，这都大大节约了成本。

3. 轻质黏土

轻质黏土建筑是将农作物纤维或木屑、纤维质与黏土融合在一起，使之易于捏制成型，砌成墙壁、体块或面板。轻质黏土多作为填充物，且常常与木框架结合使用，可以建造成人们容易接受的直线型传统现代住宅，减少了木材的使用。

5.3.2　木材

木制建筑有许多优点，同样厚度的木材隔热能力比标准的混凝土高 16 倍，比钢材高 400 倍，冬天同样条件下，木制建筑要比混凝土建筑的室内温度高 6℃，夏天则相反。同时，木质建筑的施工期比较短，通常只有几个月。在开采、运输、建筑过程中，木结构对水、空气、土壤、人的污染和破坏也很小。

随着森林资源的消耗，各种以人工林、次生林为集成材和以各种木质纤维为主要成分的木质材料用于建筑中更多，包括结构胶合板、单板层积材、集成材、刨花板以及农作物秸秆复合墙板等。

结构胶合板继承了天然木材的特点，增大了板材的幅面，提高了木材利用率，主要应用于地板衬板，墙板，屋顶板。

单板层积材可利用小径木、弯曲木、短原木等低质木材生产，原木利用率达60% ~ 70%；从原木旋成单板再层结，可去掉材质比较差的部分，而节头及接头等缺陷又可充分分散、错开，主要用于窗框、门框、楼梯的踏步板等。

集成材是用小径木集中加工成大的结构用构件，增加了木材利用率；相比于天然原木，减少了生产缺陷，得到的集成材变异系数较小，依强度要求可设计成变截面的建筑构件。主要用于梁、托梁、搁梁以及一些装饰，能获得较好的建筑艺术效果和独特的装饰风格。

5.3.3 竹材

传统竹材在建筑中应用时多为未加处理的原竹，但原竹受力各向异性，竹材纵横两个方向的强度比约为 30 : 1，且易虫蛀、霉变和干裂，难以长期保存。由于以上的缺陷，原竹需要加工成竹材后才能用于建筑中。

竹材是在一定的温度和压力下，对原竹进行机械和化学加工，制造而成的各种板材和型材。与原竹相比，竹材的幅面大、变形小、尺寸稳定、强度高、耐磨损，具有一定的防虫和防腐特性。目前我国已开发出竹材层压板、竹编胶合板、竹材刨花板、竹子地板等。这些板材和型材可以组装成有不同产品结构、尺寸及性能的建筑部品。

加工后竹材强度重量比很高，而且相对柔软，在彝族农房中可设计为内隔墙、室内装饰板、顶棚、吊顶等。

5.3.4 植物纤维

植物纤维材料作为建筑材料，具有很好的保温隔热作用，也能消化大量的固体农业废弃物。凉山彝族地区常见植物纤维材料有秸秆、竹、树枝等，秸秆即农作物的茎秆，来自于小麦、玉米、稻谷等农作物收获以后残留的不能食用的根、茎、叶等废弃物。

目前，常见的农作物秸秆利用方法是作为原料烧制秸秆砖，秸秆砖所耗的能量大约为 $14MJ/m^3$，而矿棉所耗能量为 $1077MJ/m^3$，是秸秆的 77 倍，秸秆在光合作用过程中所吸收的 CO_2 要高于制作及运输过程中所释放的 CO_2。因此，在秸秆砖制作过程中的 CO_2 释放量很低，是一种具有可持续性的墙体材料。

秸秆产品主要有秸秆砖与秸秆墙板，秸秆砖可用于屋面和楼地面的保温隔热，导热系数由其密实度、麦秆的位置及秸秆的含水量决定。一般的取值范围在 0.0337 ~ 0.086W/（m · K），与目前的聚苯板和保温砂浆相当，而且在农村取材方便，价格便宜，对于提高农房的室内舒适度有很大的帮助。秸秆砖也可以用于承重结构或填充墙。用于承重墙的秸秆砖体系在美国有很好的应用，但是在我国还缺乏相关设计标准和规范，需要谨慎使用。但是作为填充墙材料，则可充分发挥秸秆砖的隔热保温效果。

在外墙部位采用秸秆砖时，需要能阻挡水汽进入墙体内部，另一方面又能让蒸汽透过，这样冷凝水才能扩散到室外，所以包括饰面层的室外抹灰材料的蒸汽扩散系数应该小于包括饰面层的室内抹灰，一般宜采用水泥砂浆作为抹灰材料。

5.4　彝族农房施工工艺

常见的彝族农房结构体系是砖混结构、生土结构。砖混结构以砖、石材、混凝土块体等砌体作承重墙（柱），钢筋混凝土梁、板作承重构件，木结构以木柱、梁、楼板为承重结构。以上结构在施工工艺上也都有一些要点。

5.4.1　墙体砌筑

1. 材料要求

采用 42.5 强度等级的普通硅酸盐水泥或 32.5 强度等级的矿渣水泥，应进行复验合格。砂采用中砂，含泥量不大于 5%，不得含有草根等杂物。砖的强度等级符合设计要求，并应规格一致，厂家应随货提供出厂合格证和试验报告，进场后须按同一生产厂家同一批量进行复验。砌筑砖砌体时，砖应提前 1 ~ 2 天浇水湿润。石灰膏的熟化时间不得少于 7 天，不应含有未熟化颗粒和杂质，严禁使用冻结或硬化的石灰膏。

2. 操作工艺

基础墙砌筑前，基层表面应清扫干净，提前 1 ~ 2 天洒水湿润。砌筑时如遇基础底面标高不一致，应从低处砌起，高度差不准超过 1.2m。基础墙砌筑应依皮数杆先砌转角及内外墙交接处的部分砖，每次砌筑高度不应超过五皮砖，然后才在其间拉线砌中间部分。基础大放脚砌至墙身时，要拉线检查轴线及边线，确保基础墙身位置正确；同时要对照皮数杆的砖层及标高，如出现高低差时，应以水平灰缝逐层调整，使墙体的层数与皮数杆一致。基础墙上承托各种穿墙管沟盖板的挑砖及其上一层压砖，均应用丁砖砌筑；立缝砂浆要严密饱满、挑檐砖层面标高必须符合设计图纸要求。

抹防潮层前要将基础墙顶面清扫干净，浇水湿润随即批防水砂浆，砖墙内外两侧应固定压板，并移好顶部水平，厚度一般 20mm。防水砂浆掺入防水剂分量按砌筑配合比规定和设计要求确定，防潮层应进行养护，不得开裂，经 12 小时保养后方可继续施工。

3. 注意事项

砌筑砂浆应采用机械拌合，拌合时间自投料完算起，水泥砂浆和水泥混合砂浆不得少于 2 分钟；水泥粉煤灰砂浆和掺用外加剂的砂浆，不得少于 3 分钟。砌筑砂浆应随搅拌随使用，水泥砂浆在 3 小时内用完；水泥混合砂浆应在 4 小时内用完，当施工气温超过 30℃时，必须分别在拌成后 2 小时和 3 小时内使用完；超过上述时间的砂浆不得使用。

普通砖墙体砌筑方法宜采用一顺一丁、三顺一丁、全顺（仅用于半砖墙）和全丁（仅用于圆弧面墙砌筑），多孔砖宜采用一顺一丁或梅花丁等砌筑形式，墙体顶皮砖采用丁砖。采用铺浆法砌筑时，铺浆长度 750mm，施工气温超过 30℃时，铺浆长度不得超过 500mm。每砌五皮左右要用靠尺检查墙面垂直度和平整度，随时纠正偏差，严禁事后砸墙校正。

墙体每日砌高度不宜超过 1.8m。雨天不宜超过 1.2m。水平和竖向灰缝厚度不小于 8mm，也不应大于 12mm，一般宜为 10mm。砖砌体的转角和交接处，应同时砌筑，严禁无可靠措施的内、外墙分砌施工。对不能同时砌筑而又必须留置的临时间断处，应砌成斜槎，斜槎水平投影长度不应小于高度的 2/3（图 5-9）。在墙上留置临时施工洞口，其侧边离交接处墙面不应小于 500mm，洞口净宽度不应超过 1m，如图 5-8 所示。

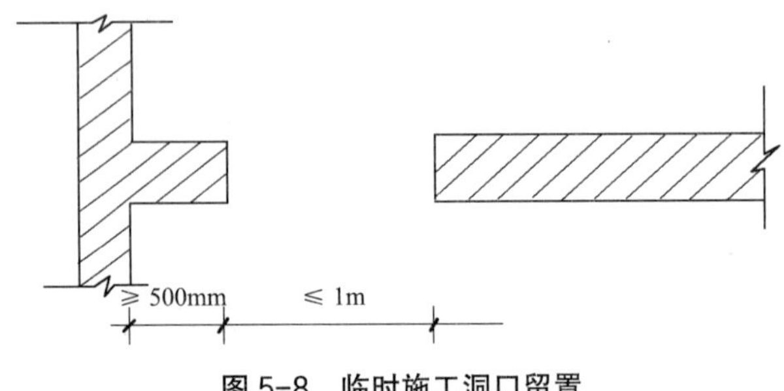

图 5-8　临时施工洞口留置

临时间断处的高度差不得超过一步脚手架（1.2m）的高度。后砌隔墙、横墙（除转角处外）和临时间断处留斜槎有困难时，可留直槎，直槎必须做成凸槎，留直槎处应加设拉结钢筋，并沿墙高每隔 500mm，每 120mm 墙厚预埋 1ϕ6 拉结钢筋（240 厚墙放置 2ϕ6 拉结钢筋），其埋入长度从留槎处算起，每边均≥ 500mm，对抗震设防烈度六度、七度的工程，每边应≥ 1000mm，末端应有 90° 弯钩，见图 5-10。

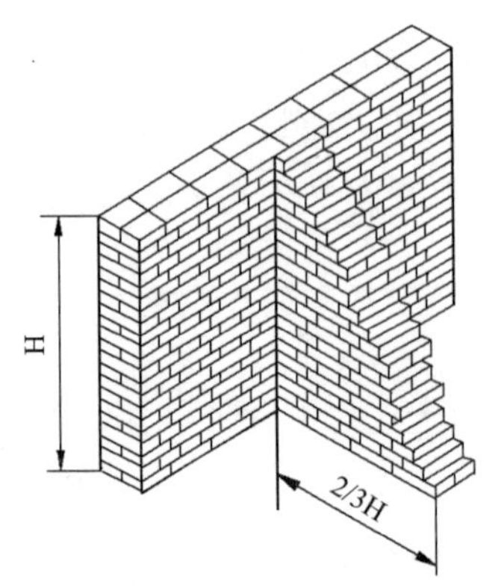

图 5-9　砖砌体斜槎砌筑图

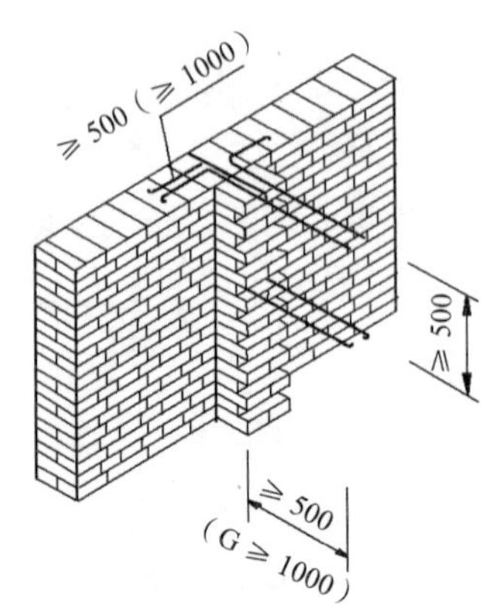

图 5-10　砖砌体直槎和拉结筋

独立砖柱砌筑时，应用整砖砌筑，其垂直灰缝至少错开 1/4 砖长，柱心不得有通缝，不许用包心砌法。成排砖柱应拉通线砌筑，楼层柱的两个方向中心线应与下层柱吻合。砖柱日砌高度不得超过 1.8m，灰缝厚度与砖墙同。

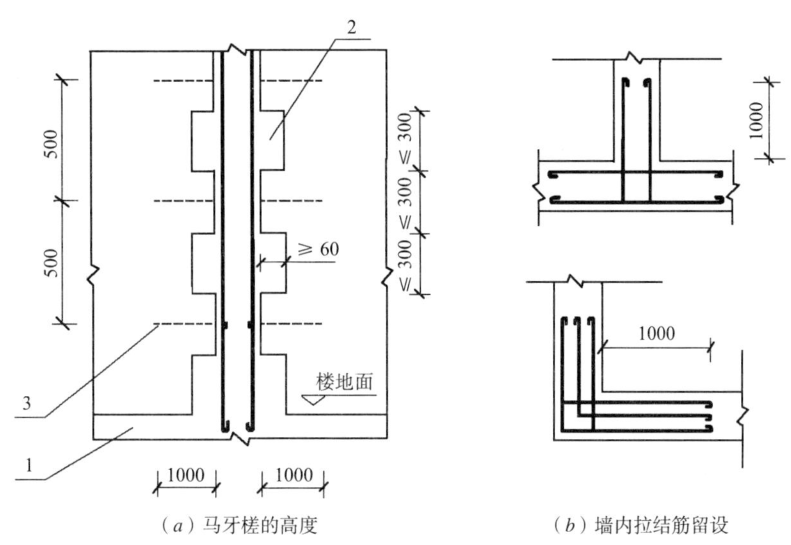

（a）马牙槎的高度　　（b）墙内拉结筋留设

图 5-11　构造柱与砖墙连续构造

1—基础；2—马牙槎的高度；3—拉结筋

在砖墙中设有钢筋混凝土构造柱时，在砌筑前应先将构造柱的位置弹出，并把构造柱插筋处理顺直。砌砖墙时与构造柱联结处，砌成马牙槎，每一马牙槎沿墙高度方向的尺寸不宜超过 300mm，砖墙与构造柱之间应沿墙高每 500mm 设置 2 根 ϕ6 水平拉结钢筋，两端作直角弯钩，每边伸入墙内不应少于 1000mm，入柱不少于 200mm，马牙槎的砌筑，应先退后进，马牙长 60mm，见图 5-11。

5.4.2　木结构工程

依据施工图进行测量放线，检查基础结构尺寸、标高是否与设计文件符合，基础平整度 2m 内不大于 4mm，且整体不大于 10mm。

房屋基础底座木方采用 CCA 防腐木材下垫一层普通 SBS 卷材防潮；采用 Φ14mm 锤击螺栓沿底座木方中心布置间距不大于 1200mm，且每段不少于两个锤击螺栓。

按墙体布置图进行墙体安装，采用 90mm 螺纹钉与基方固定，每小于或等于 1200mm 采用镀锌钢钉板进行加固。墙体拼装完毕后进行垂直校正、固定；按楼板梁布置图依次进行安装、校正楼板梁，在楼板梁上涂匀楼板胶，楼板从一边依次错缝安装。

将预制加工好后的屋架按屋架布置图依次进行安装，校正屋架垂直度，屋架采用直角铁件与墙体可靠连接，在屋架内部采用木方做水平支撑和斜支撑将屋架拉接成一体。

5.4.3 瓦屋面工程

清扫及验收基层，先铺垫 2.5mm 厚自粘性防水卷材一道，然后在防水卷材上弹挂瓦线条。弹线时首先确定屋面的轮廓线（如屋脊、水沟等）。

顺水条及附加顺水条尺寸：20mm × 40mm，采用水泥钢钉按墨线位置将顺水条固定在屋面上，所有固定顺水条的钉子最大间隔为 450mm；挂瓦条的安装：挂瓦条采用圆钢钉固定在顺水条上，挂瓦条与每根顺水条相交处均应用钉子固定；挂瓦条应安装平整，牢固，上棱应成一直线，接头应在顺水条上，而且上下排之间要相互错开，屋面中有排水沟时，其排水沟的范围内不应安装挂瓦条。

排水沟安装时，先将 500mm 镀锌板（或自粘性卷材）铺入排水沟，两边包住顺水条并用钉子固定，檐口处镀锌板应向下折叠以防雨水倒灌，搭接应上搭下；再将排水沟瓦采用 1 : 3 水泥砂浆粘贴在附加顺水条之间，待排水沟上部的主瓦安装后，两侧采用 1 : 2.5 或 1 : 3 水泥砂浆封固。

铺瓦时从屋檐右下角开始，自右向左、自下而上，每片主瓦的瓦爪必须紧扣挂瓦条并用一枚主瓦钉固定。

第 6 章　彝族绿色农房抗震设计

6.1　凉山州彝族自治州工程地质概况

经地震和地质调查证实，凉山州范围内地貌以高山、高中山为主，河系发育，山高坡陡，沟谷深切。除河谷平原和山间盆地展布松散土石外，岭脊斜坡地域为其碎屑岩、变质岩、碳酸盐岩和岩浆岩所展露。构造复杂，断裂纵横交错，断隙发育，岩石破碎。此外，崩塌、滑坡、泥石流等不良工程地质现象发育，区域工程地质条件复杂。安宁河、则木河、水江等活动断裂分布区工程地质条件差，每逢雨季，河谷两侧常有崩塌、泥石流、滑坡发生，给铁路、公路交通造成极大困难。

凉山州境内共有活动性断裂带 26 条，均为压性和压扭性断裂，其中南北向 10 条，除安宁河东、西两支活动强烈外，其他如磨盘山、甘洛—美姑断裂活动程度较弱；北东向 8 条，除卧罗河、金河——箐河等 3 条活动程度强烈外，南河、里庄等断裂均属强烈至弱；北西向断裂 8 条，活动程度除石棉、辣子乡等 3 条强烈外，其余 5 条均属较强。凉山彝族自治州境内自公元前 111 年至公元 1981 年共记载了大于或等于 7 级的强震 2 次，最大震级 7.7 级。最大的两次是 1536 年西昌北 7.5 级地震和 1850 年西昌普格间 7.5 级地震，后者造成了 2 万多人死亡。盐源地震断裂带（在凉山彝族自治州木里县和盐源县境内，向南可延伸到云南省宁蒗县，区内曾发生过 6.0 ~ 6.9 级地震 5 次，最大地震是 1976 年盐源、宁蒗间 6.7 级地震。）、理塘地震带南端（木里地区）及马边地震带（主要在甘孜藏族自治州理塘县境内，呈西北 - 东南向展布，带内曾发生过 1948 年理塘 7.3 级地震），构造地震活动强烈（图 6-1）。

按照最新《中国地震动参数区划图》规定，凉山州地震基本烈度 8 度以上县，由 5 个增加到 10 个。凉山州被国务院确定为全国地震重点监视防御区，并连续两年被划定为年度 7 级地震重点危险区，排在全国 11 个重点危险区之首。进一步加强凉山州内房屋的抗震设计是必要的。

6.2　彝族绿色农房的抗震设防要求

目前，凉山彝族自治州的农村住房的结构形式仍然以砖混结构、生土墙建筑、木结构建筑为主，但是由于缺乏设计、建造质量不高等原因，这些结构的抗震能力很难

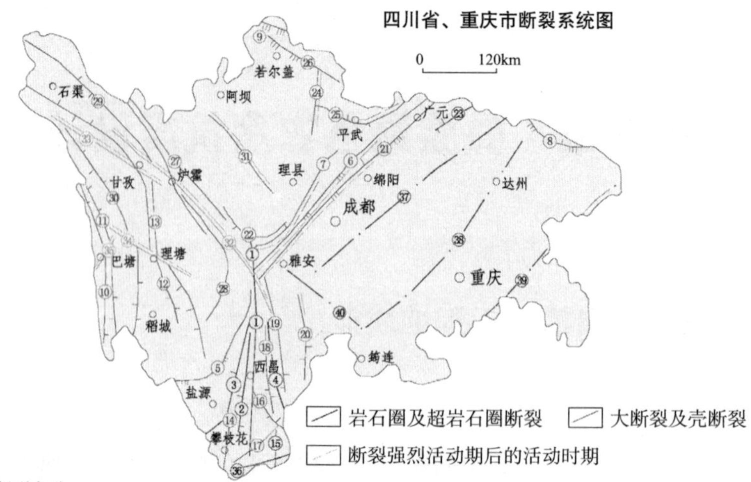

断裂名称：

①安宁河；②磨盘山；③金河－程海；④小江；⑤小金河；⑥北川－映秀；⑦茂汶；⑧城口－房县；⑨玛沁－略阳；⑩金沙江；⑪德来－定曲；⑫下坝－拉波；⑬甘孜－理塘；⑭攀枝花；⑮德干；⑯则木河；⑰宁南－会理；⑱黑水河；⑲汉阳－甘洛；⑳峨边－金阳；㉑江油－都江堰；㉒金汤；㉓官坝；㉔岷江；㉕雪山－青川；㉖玛曲－荷叶；㉗泥曲－玉科；㉘东谷－陈支；㉙长沙贡玛－额永通；㉚德格－乡城；㉛马尔康；㉜鲜水河；㉝马尼干戈；㉞毛垭坝；㉟巴塘；㊱菜子园－麻塘；㊲巴中－龙泉山；㊳华蓥山；㊴七曜山；㊵峨眉山－宜宾

图 6-1　四川省、重庆市断裂系统图

（注：图片由成都理工大学研究者提供）

满足现在人们对住房品质的要求。根据《四川省农村居住建筑抗震设计导则》（2008年修订版）和《四川省农村居住建筑抗震技术规程》的要求，对于抗震设防烈度为6度及其以上地区的农村居住建筑，必须采取抗震措施。设计和建造中按照《四川省农村居住建筑抗震技术规程》之要求进行了抗震设防的农村居住建筑，一般情况下可不再进行抗震计算，只有当房屋改变使用功能或其荷载超过允许荷载范畴时，应进行抗震计算。

彝族绿色农房的结构体系选择与设计应当满足《四川省农村居住建筑抗震设计导则》（2008年修订版）、《四川省农村居住建筑抗震技术规程》等的要求，在以下方面进行抗震设计或者进行抗震构造设防。

6.2.1　建设场地要求

凉山州范围内南北向断裂发育，并与北东和北西构造交汇，同时存在东西向古老构造，经地震和地质调查证实，南北向和北西向断裂具有持续活动性。地下构造复杂，断裂纵横交错，断隙发育，岩石破碎。此外，崩塌、滑坡、泥石流等不良地质现象发育，区域地质条件复杂，场地选址显得尤为重要。

选择建筑场地时，应按表6-1选择有利地段，避开危险地段，不应在危险地段建造房屋。对不利地段应先勘明场地状况，有针对性地采取处理措施后方可建造建筑。

地段特征与分类 表 6-1

地段类别	地质、地形、地貌
有利地段	稳定基岩，坚硬土，开阔、平坦、密实、均匀的中硬土等
不利地段	软弱土，液化土，条状突出的山嘴，高耸孤立的山丘，非岩质的陡坡，河岸和边坡的边缘，平面分布上成因、岩性、状态明显不均匀的土层（如故河道、疏松的断层破碎带、暗埋的塘浜沟谷和半填半挖地基）等
危险地段	地震时可能发生滑坡、崩塌、地陷、地裂、泥石流等及地震断裂带上可能发生地表位错的部位

根据最新《中国地震动参数区划图》，凉山州范围内达到 8 度以上地震烈度的县包括宁南、普格、德昌、冕宁、喜德、昭觉、盐源、越西、雷波、布拖等地。在这些地区选址进行农房建设时，首先要应避开主断裂带即安宁河、则木河等断裂带，如无法完全避开，则建筑物与断裂带间应留有足够避让距离，要求 8 度时不小于 200m，在 9 度区西昌应不小于 300m。当在条状突出的山嘴、高耸孤立的山丘、非岩石的陡坡、河岸和边坡边缘等不利地段建造建筑时，除保证其在地震作用下的稳定性外，建筑的抗震要求及构造措施应按本地区抗震设防烈度提高 1 度采用。

彝族农房的层数不多，适合采用天然地基，但不宜将软弱黏性土、液化土、新近填土或严重不均匀土作为天然地基建造建筑。如不能避免上述情况时，则应对其采取相应的技术处理措施。如采用换土方式改善地基受力条件，其压实填土的填料应采用级配良好的砂土或碎石土、性能稳定的无害工业废料、粒径不宜大于 400mm（分层夯实）或粒径不大于 200mm（分层压实）的砾石、卵石、块石。不得使用淤泥、耕土、冻土、膨胀土以及有机质含量大于 5% 的土作地基填土填料。当基础埋置在易风化的岩层上时，施工时应在基坑开挖后立即铺筑垫层。

在山区农房建设中，地下水对于软弱地基的影响尤为显著，首先应利用和保护天然排水系统和山地植被。如必须改变排水系统时，应在易于导流或拦截的部位将水引出场外。在受山洪影响的地段，应采取相应的排洪措施。

6.2.2 农房基础技术要求

彝族农房的层数不多，荷载小，且当地气候较为温和，为节约造价，建议采用无筋扩展基础，其宽高比应满足下表 6-2 中的允许值要求。基础埋置深度不应小于 0.5m，应除岩石地基外，基础应埋入稳定土层且在地下水位以上。同时，同一结构单元的基础应采用同一类型，基础底面应埋置在同一标高上，否则应增设基础圈梁并应按 1 : 2 的台阶逐步放坡。当遇到新旧建筑相邻建造时，新建建筑的基础埋深不宜大于原有建筑基础。当埋深大于原有建筑基础时，两基础应保持一定的净距，其数值应根据原有建筑荷载大小、基础形式和土质而定。

无筋扩展基础台阶宽高比的允许值　　表 6-2

基础材料	质量要求	台阶宽高比容许值
混凝土	C15 混凝土	1 : 1.00
毛石混凝土	C15 混凝土	1 : 1.00
砖砌体	砖不低于 MU10，砂浆不低于 M5	1 : 1.50
毛石砌体	砂浆不低于 M5	1 : 1.25
灰土	体积比为 3 : 7 或 2 : 8 的灰土，其最小干密度：粉土 1.55t/m³；粉质黏土 1.50t/m³；黏土 1.45t/m³	1 : 1.25
三合土	体积比为 1 :（2 ~ 3）:（4 ~ 6）（石灰 : 砂 : 骨料），每层约虚铺 220mm，夯至 150mm	1 : 1.50

6.2.3　上部结构的抗震设计要求

震害经验充分表明，形状简单、规整的房屋在地震作用下受力明确，遭遇地震时破坏也相对较轻。彝族农房的使用功能简单，空间组合也不复杂，为了具备较好的抗震能力，在上部结构的设计中要注意：结构体系应有简明、合理的受力和传递地震作用的途径，尽量避免因部分结构或构件破坏而导致整个结构丧失抗震能力或对重力荷载的承载能力。建筑平面上各房间的布局以及墙、柱等应抗侧力结构应规则、对称、规则整齐地布置，建筑的立面和剖面不宜做过多的突出或收进，确保结构具有良好的整体性。对于平面、立面特别不规则的建筑结构，应在适当部位设置防震缝将其分割为简单规则的形体。

就抗震设计而言，应着重考虑农房的结构体系、房屋的高度和层数以及平、立面布置：

在选择结构体系时，应优先采用横墙承重或纵横墙共同承重的结构体系。抗震设防度为 8 度时不应采用硬山搁檩屋盖。墙体布置应有合理的传递途径，房屋抗震横墙间距不应超过表 6-3 的要求。纵横向应具有合理的刚度和强度分布。应避免因局部削弱或突变造成薄弱部位，产生应力集中或塑性变形集中，对可能出现的薄弱部位应采取措施提高抗震能力；

若采用生土承重墙体，其外墙厚度不宜小于 400mm，内墙厚度不宜小于 250mm。房屋的层数和总高度按抗震设防烈度的不同取值（表 6-4）房屋的层高取值，单层房屋不应超过 4.0m，2 层房屋不应超过 3.0m；

就建筑的平立面布置而言，其平面布置和抗侧力结构的平面布置宜规则、对称，平面形状应具有良好的整体作用。纵、横墙沿平面布置不能对齐的墙体宜较少，楼梯间不宜设在房屋的尽端和转角处。建筑的立面和竖向剖面力求规则，结构的侧向刚度宜均匀变化，墙体沿竖向布置上下应连续，避免刚度突变。竖向抗侧力结构的截面和材料强度自下而上宜逐渐减小，避免抗侧力构件的承载力突变。房屋门窗洞口的宽度，

抗震设防烈度 6 ~ 7 度时不应大于 1.5m，8 度时不应大于 1.2m。房屋的局部尺寸限值应符合表 6-5 的要求。

房屋抗震横墙最大间距　　表 6-3

房屋层数	楼层	抗震设防烈度		
		6	7	8
一层	1	6.6	4.8	3.3
二层	2	6.6	–	–
	1	4.8	–	–

注：抗震横墙指厚度不小于 250mm 的土坯墙或夯土墙。

房屋层数和高度限制　　表 6-4

抗震设防烈度	高度（m）	层数（层）
6	6.0	2
7	4.0	1
8	3.3	1

房屋局部尺寸限制　　表 6-5

抗震设防烈度	承重窗间墙最小宽度（m）	承重外墙尽端至门窗洞边的最小距离（m）	非承重外墙尽端至门窗洞边的最小距离（m）	内墙阳角至门窗洞边的最小距离（m）
6	1.0	1.0	1.0	1.0
7	1.2	1.2	1.0	1.2
8	1.4	1.4	1.0	1.5

生土结构农房抗震性能较差，可通过增加抗震构造措施以提高其抗震性能。抗震设防烈度 8 度时，在外墙转角及内外墙交接处需设置木构造柱，木构造柱的梢径不应小于 120mm，同时应伸入墙体基础内，并应采取防腐和防潮措施。所有纵横墙基础顶面处应设置配筋砖圈梁，各层墙顶标高处应分别设一道配筋砖圈梁或木圈梁，夯土墙应采用木圈梁，土坯墙应采用配筋砖圈梁或木圈梁。设防烈度 8 度时，夯土墙房屋应在墙高中部设置一道木圈梁，土坯墙房屋应在墙高中部设置一道配筋砂浆带或木圈梁。生土结构农房应在纵横墙交接处、门窗洞口等部位采取拉接措施，每道横墙在屋檐高度处应设置不少于 3 道的纵向通长水平系杆，并应在横墙两侧设置墙揽与纵向系杆连接牢固，墙揽可采用方木、角铁等材料，两端开间和中间隔开间山尖墙应设置竖向剪刀撑，山墙、山尖墙应采用墙揽与木檩条和系杆等屋架构件拉接。生土结构农房门窗洞口宜采用木过梁，其中矩形截面木过梁的宽度与墙厚相同，木过梁支承处应设置垫木。当一个洞口采用多根木杆组成过梁时，木杆上表面宜采用木板、扒钉、铅丝等将各根

木杆连接成整体。

木结构就是柱和梁、额枋组成的构架，构件之间采用榫卯连接，无需铁钉。卯指在木构件上挖出的洞眼，榫则是在木构件上留下的准备插卯的端头，这种连接方式就如同动物的骨骼关节能在一定程度中伸缩和扭转，地震时能通过自身的变形吸收和耗散地震中的能量，有较强的抗震性能。传统木结构采用木框架作承重构件，墙体只起划分空间，即分割作用而不承重，所以有墙倒屋不塌的特性，木结构的木框架可分为抬梁式、穿斗式、井干式。框架结构是一种延性的结构体系，能利用自身的变形来吸收和耗散地震能量。在设计木结构房屋体型时，结构对称有利于减轻结构的地震扭转效应，因为形状规则的建筑物，在地震时各部分的震动易于协调一致，应力集中现象较少，有利于抗震。

木结构房屋因取材方便、价格低廉、环保节能、不会产生建筑垃圾等优点，在凉山州地区仍现存较多。据调研，在 2008 年 5 月 12 日汶川地震中，95% 的木结构建筑没有倒塌，充分体现了木结构建筑的抗震性能。在交通不发达的农村地区，改良的传统木结构成为彝族村民首选的住宅形式。当地人就地取材，山中取石铺设地基修筑基础，山上伐木搭建房屋，或梯田取土筑屋，在彝族聚居的山区具有广泛的适应性。

6.3 砖混结构抗震设计

6.3.1 震害及破坏特征

砖混结构房屋在我国城乡有着悠久的历史，这类房屋墙体使用的承重材料主要是黏土砖，由于它具有良好的抗压性能，价格又便宜，且为地方性材料，因而在我国城乡建设中应用相当广泛。砖混结构房屋抵御地震的性能较差，当发生地震时，除受竖向地震作用外，更主要的是受水平方向作用的地震，水平地震作用是导致这类房屋破坏的主要因素。

震害调查表明，实心砖墙房屋的震害一般比土墙承重房屋轻，砖结构房屋破坏常常是因受剪和连接不牢引起的，一般在低烈度区破坏较轻或局部破坏，随着烈度增加破坏加重，甚至全部倒塌，砖砌体的构造及施工质量的好坏，是影响震害的重要因素之一。砖混结构在地震作用下的破坏特征主要表现为以下几个方面：

1. 承重墙体的破坏

水平地震作用按墙体所处的位置可分为横向水平地震作用与纵向水平地震作用。前者方向垂直于纵墙，后者方向平行于纵墙。当水平地震作用平行于墙体时，水平地震作用主要通过楼盖传至墙体，再传至基础和地基，这时墙体主要承受剪力，当墙内产生的主拉应力超过砌体所能承担的应力时，发生剪切破坏，即沿与水平线成 45° 角方向产生斜裂缝。因地震作用是往复的，因而斜裂缝是交叉的。

由于地震作用形成的剪力越往下部越大，所以斜裂缝或交叉裂缝多数发生在下层墙体。顶层若使用强度低的砂浆砌筑或砌筑质量差时，斜裂缝有时也很明显。斜裂缝或交叉裂缝是墙体在地震中常见的破坏形式（图 6-2、图 6-3）。

当水平地震作用垂直于纵墙，且横墙间距较大，楼盖或屋盖没有足够的刚度把全部地震力传给横墙时，纵墙承受部分垂直于自身墙体的地震作用，墙体呈平面外弯曲。因墙体在平面外的刚度小，砌体抗弯强度低，首先在薄弱部位产生水平裂缝，如在窗口下沿窗间墙产生贯穿的水平裂缝，水平裂缝主要发生在灰缝处。

图 6-2　窗间墙交叉裂缝

图 6-3　墙体斜裂缝

2. 内外墙连接不牢引起的破坏

由于砌体强度低，或施工质量差，如墙体砌筑时不同时咬槎砌筑，施工时只留马牙槎，内外墙连接不牢，外墙在水平地震作用下容易拉脱，一般在 7 度区开始有破坏，在 8 度区普遍开裂，有时纵横墙拉开达 10 余厘米，裂缝一般上宽下窄，破坏情况与有无内外墙圈梁及砌筑质量有密切关系（图 6-4）。

图 6-4　纵墙开裂

3. 转角墙的破坏

墙体的转角处刚度较大，承受的地震作用也较大，又因位于房屋的端部，还承受地震的扭转作用，因此在该处易产生应力集中，容易破坏，一般在 7 度区就有破坏现象，在 8 度区则有明显破坏（图 6-5）。

4. 外墙的外闪与倒塌

不论是实心墙还是空斗墙的纵墙、山墙，在地震作用下，外闪甚至倒塌是砖墙承重房屋较为普遍的震害形式之一。这除了与墙体连接不牢有关外，还与组成建筑物的各种构件，如墙体、楼板、屋盖等的质量、刚度、相互间的锚固等有关。由于地震作用上大下小。故墙体上部裂缝较宽，外闪较多（图 6-6）。

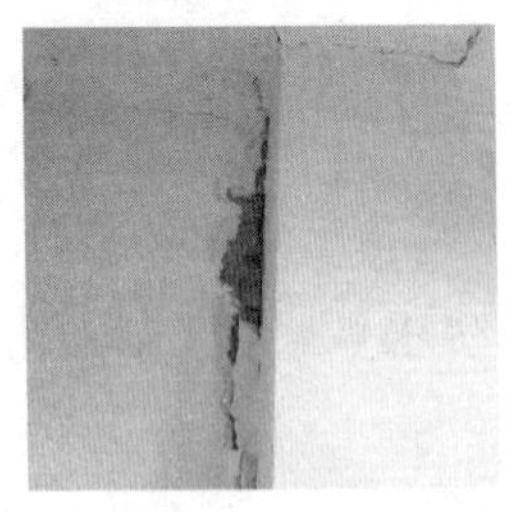

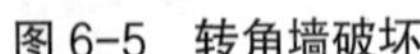

图 6-5　转角墙破坏

图 6-6　外墙倒塌

5. 门窗洞口及过梁的破坏

门窗洞口的破坏比较普遍，一般在过梁支撑处墙体有水平裂缝或过梁上的墙体有倒八字裂缝，个别由于支座长度不足而损坏，因此在地震区过梁支承长度应在 240mm 以上。各种过梁，凡位于建筑物尽端处，其破坏比在中部重，并且一般上层的比下层的重，因此，尽端或上层的过梁，只要在建筑设计上可行，门、窗上口到楼板标高相差在 30 ~ 50mm 以内，可与圈梁合并设置，这对减少过梁的破坏较为有利。

6. 门窗上口砌体破坏

门窗上口砌体破坏的主要原因是该直角部位在地震作用下产生较大应力集中，加之上部砌体的开裂，破坏了砌体的起拱作用，因此加重了过梁的负担，其破坏的形式常呈现倒八字形裂缝。

7. 局部突出体的破坏

砖结构房屋的出屋顶烟囱、女儿墙、高门脸等上部局部突出部分如果没有可靠地连接，在地震中是最容易破坏的部分。这是由于地震的动力作用，在建筑物上部的突出部分产生鞭梢效应。

在总结震害经验的基础上，砖混结构设计中应采取正确的概念设计，如选择对抗震有利场地、平立面规则，传力途径简洁，辅以恰当的抗震措施，如合理设置圈梁、构造柱，有良好的施工质量作为保证. 则可显著提高房屋的抗震性能，减轻房屋的破坏程度，提高房屋的抗倒塌能力。

6.3.2　抗震设计的一般规定

村镇砖混结构的传统砌筑材料为烧结黏土实心砖，为少占农田、保护耕地，黏土砖的使用已受到限制，现在广泛采用的砌块主要为烧结页岩砖、烧结页岩多孔砖、混凝土小型空心砌块、蒸压灰砂砖和蒸压粉煤灰砖等，如图 6-7 所示。

对于砖混结构房屋的结构布置，一般将房屋的平面尺寸较短方向称为横向，平面尺寸较大的方向称为纵向。从而，砌体墙可分为纵墙和横墙，外横墙一般又称为山墙。

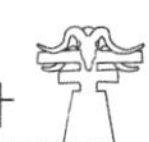

按承重墙的方向来分，砌体结构的承重体系可分为横墙承重、纵墙承重和混合承重 3 种，如图 6-8 所示。

（a）烧结页岩砖

（b）烧结页岩多孔砖

（c）混凝土小型空心砌块

（d）蒸压灰砂砖

图 6-7　砌筑材料类型

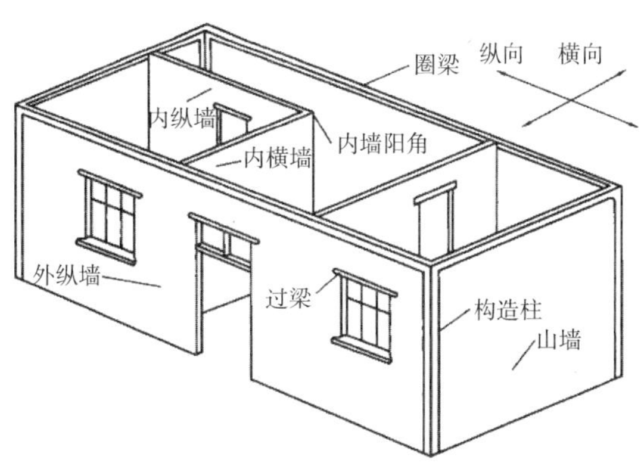

图 6-8　砖混结构房屋结构示意图

砖混结构房屋应优先采用横墙承重或纵横墙混合承重的结构体系，如图 6-9 所示。由于墙体是主要的抗侧力构件，纵横墙平面布置要均匀对称；承重墙尽可能上下贯通，若因使用要求上下层房间大小不同时，大房间应布置在上层；同片墙上的窗间垛宽度最好均匀，避免变化太多。当房屋立面高差在 6m 以上，有错层或平面布置复杂时，宜设防震缝，将结构分为不同的单元，如图 6-10 所示。缝两侧均应设置墙体，缝净宽可采用 50 ~ 100mm。

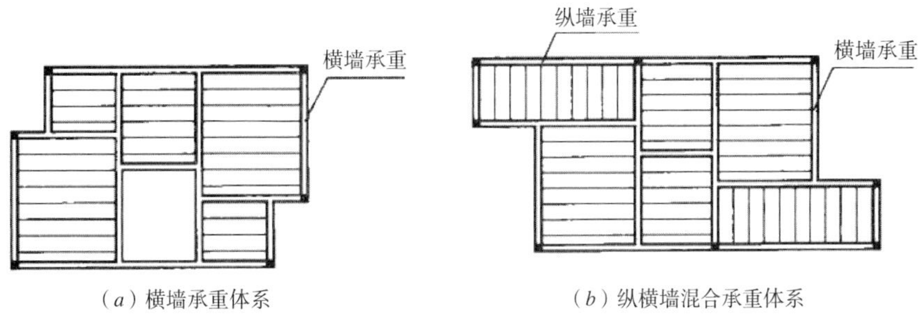

（a）横墙承重体系　　（b）纵横墙混合承重体系

图 6-9　结构承重体系示意图

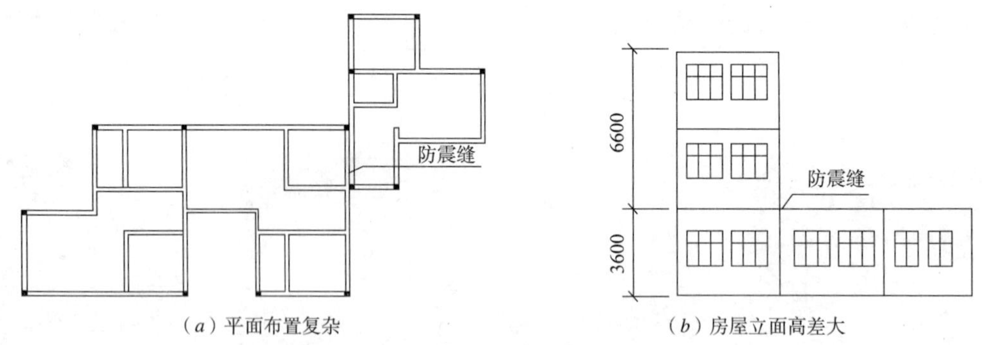

图 6-10　防震缝设置的位置示意图

由于砖混结构房屋中的砖块是脆性材料，延性差，变形能力小，质量大，当下层墙体破碎或错位时就可能被压垮。震害调查资料表明，砖混结构随层数增多，房屋的破坏程度也随之加重，倒塌率随房屋的层数近似成正比增加。因此，对房屋的高度与层数要给予一定的限制。《四川省农村居住建筑抗震技术规程》明确规定，砖墙体厚度不应小于 240mm，房屋的总高及层数应符合表 6-6 的要求，单层房屋的总高和两层房屋的底层层高不应超过 3.9m；两层房屋的第二层层高不应超过 3.3m。

砖混结构房屋的层数和总高度限值　　表 6-6

墙体材料类别	烈度							
	6		7		8		9	
	高度（m）	层数	高度（m）	层数	高度（m）	层数	高度（m）	层数
普通砖、多孔砖	7.2	2	7.2	2	6.6	2	6.6	2
蒸压实心砖	7.0	2	6.6	2	6.0	2	3.0	1

地震时，横墙限制纵墙的侧向变形，同时还承受屋顶和纵墙等传来的作用力。横墙数量多、间距小，结构的空间刚度就大，抗震性能就好；反之，结构的抗震性能就差。建造房屋时，在满足使用要求的情况下，房屋抗震横墙间距，不应超过表 6-7 的要求，二层房屋的底层应比表 6-7 间距减少 1.0m。

根据《镇乡村建筑抗震技术规程》（JGJ161-2008），除对砖混结构房屋层数、高度以及抗震横墙最大间距有明确规定外，还规定了房屋的局部尺寸限制，如表 6-8 所示。

砖混结构房屋还应设置圈梁和构造柱。设置圈梁是增加房屋的整体性，提高房屋抗震性能的有效措施，能够增加楼盖的水平刚度，减少墙体的自由长度，抵御地基不均匀沉降。预制楼板周围设置圈梁并和留有槽齿的楼板整浇时，楼板水平刚度可得到很大的提高。因此，凡合理设置圈梁的房屋，抗震性能较好。根据《四川省农村居住建筑抗震技术规程》的规定，圈梁的设置应符合下列要求：

1. 圈梁应周圈闭合，宜与楼屋盖板设在同一标高处或紧靠板底。

2. 7 度及其以下时，在屋盖檐口处的墙顶应设置圈梁；坡屋盖的山尖墙顶部应设置顺坡配筋砂浆带。8 度及其以上时，在屋盖檐口及楼盖处的墙顶应设置圈梁；坡屋盖的山尖墙顶部应设置斜向爬山圈梁。

3. 内横墙圈梁间距不应大于表 6-7 规定的抗震横墙最大间距；在外纵墙构造柱对应部位应设置横墙圈梁。

4. 当楼屋盖为现浇钢筋混凝土或装配整体式钢筋混凝土，且楼屋盖板沿墙体周边采取加强配筋并与相应的构造柱钢筋有可靠连接时，允许不另设圈梁。

抗震横墙最大间距　　　　**表 6-7**

墙体类别	楼、屋盖类别	烈度			
		6 度	7 度	8 度	9 度
普通砖、多孔砖	预制混凝土板（m）	7.2	6.6	6.0	4.2
	现浇混凝土板（m）	7.2	7.2	6.6	4.5
	木楼、屋盖（m）	6.6	6.0	4.5	3.3（—）
蒸压实心砖	预制混凝土板（m）	6.6	6.0	4.5	3.6（—）
	现浇混凝土板（m）	6.6	6.6	6.0	4.2
	木楼、屋盖（m）	6.0	4.5	3.3	3.0（—）

房屋的局部尺寸限制　　　　**表 6-8**

部位	6、7 度	8 度	9 度
承重窗间墙最小宽度（m）	0.8	1.0	1.3
承重外墙尽端至门窗洞边的最小距离（m）	0.8	1.0	1.3
非承重外墙尽端至门窗洞边的最小距离（m）	0.8	0.8	1.0
内墙阳角至门窗洞边的最小距离（m）	0.8	1.2	1.8

构造柱与圈梁共同作用，它可以加强纵横墙间的连接，提高砖砌体的抗剪能力，增加房屋的整体性，类似框架结构，可称为“弱框架”，对墙体起了约束作用，墙体的四周处于双向双压状态使墙体横向变形减少，改善墙体受压的稳定性能从而提高墙体的承载力。根据《四川省农村居住建筑抗震技术规程》的规定，构造柱的设置应符合表 6-9 的要求。

在建造房屋前，处理好每一个局部尺寸设计，使其不低于表 6-8 的限值，是保证整体设计质量的重要因素。现将几个重要的局部尺寸部位抗震特征及处理要点分述如下：

（1）较宽的承重窗间墙具有较大的安全储备，与较窄的相比，不易破坏或塌落。

（2）地震中因扭转作用，房屋尽端易遭严重破坏，为防止房屋四角的破坏，在高烈度区应在角墙配置拉结钢筋，其长度应伸过一个开间。

构造柱设置要求 表 6-9

房屋层数	设置部位			
	6 度	7 度	8 度	9 度
单层	外墙转角、外墙四大角处			
		较大洞口两侧、大房间四角处		
			隔 10m 横墙与外纵墙交接处、山墙与内纵墙交接处	
				隔开间（轴线）横墙与外纵墙交接处
两层	外墙转角、楼梯间四角、外墙四大角处			
		大房间四角处、较大洞口两侧、山墙与内纵墙交接处		
			隔开间（轴线）横墙与外纵墙交接处、楼梯间对应的另一侧内横墙与外纵墙交接处	
				横墙与外纵墙交接处

（3）地震中突出屋面的墙体由于地震动力反应较大，产生“鞭梢效应”，易遭到破坏，如无锚固女儿墙的破坏相当严重。因此，这部分从构造上应加强连接，如可在砖砌女儿墙上加压顶圈梁或隔一定间距加设锚固立柱等。

（4）门厅或楼梯间、过厅等内墙转角称为内墙阳角。这些部位由于上部支承着梁端集中荷载，支承长度较小，局部刚度变化大，在地震中应力集中，破坏很明显，因此应满足一定尺寸要求。

（5）附壁烟囱和出屋面小烟囱地震中因“鞭梢效应”破坏很普遍。因此，这类烟囱应采用强度高的砂浆砌筑，在砌体中应配置竖向钢筋并采取锚固措施。

（6）烟道设置不应削弱墙体截面，必须设在墙体内时须采取加强措施，如局部加厚墙体或采用预制通道构件等。

（7）雨篷、挑檐和阳台等一类悬挑构件在地震中受竖向地震作用，常在根部受弯破坏，因此悬挑长度不宜过大，并应与墙体有可靠的连接。

6.3.3 抗震构造措施

凉山地区的砖混结构房屋由于在建造材料、施工技术水平上与城镇砌体房屋建设存在差异，采用的构造措施也不尽相同。在这些经济水平较低的乡村地区，施工技术水平难以保证钢筋混凝土构件的设计和施工质量，因此对于大部分的村镇砖混结构一、二层房屋的抗震构造措施，应遵照《镇乡村建筑抗震技术规程》执行，并考虑低造价、就地取材，采取简单易行的、施工难度不大、熟练的建筑工匠就可以操作的要求。

1. 配筋砖圈梁的设置与构造

在凉山地区，考虑到大部分地区施工条件和经济发展状况，设置配筋砖圈梁是简单有效、经济可行的抗震构造措施。

配筋砖圈梁设置位置要考虑到能够切实提高房屋的整体性，有效约束墙体。在确

定配筋砖圈梁的设置位置后，还要满足一定的构造要求，如采用的砂浆强度等级、厚度及配筋构造要求等。《镇乡村建筑抗震技术规程》第 5.2.1 条规定配筋砖圈梁应符合下列要求：

（1）砂浆强度等级：6 ～ 7 度时不应低于 M5，8 ～ 9 度时不应低于 M7.5。

（2）配筋砖圈梁砂浆层的厚度不宜小于 30mm。

（3）配筋砖圈梁的纵向钢筋配置不应低于表 6-10 的要求。

配筋砖圈梁纵筋要求　　**表 6-10**

墙体厚度（mm）	非抗震设计	抗震设防烈度		
		6 ～ 7 度	8 度	9 度
≤ 240	2Φ6	2Φ6	2Φ6	2Φ6
370	2Φ6	2Φ6	2Φ6	3Φ8
490	2Φ6	2Φ6	3Φ6	3Φ8

（4）配筋砖圈梁交接（转角）处的钢筋应搭接不少于 40d。

（5）当采用小砌块墙体时，在配筋砖圈梁高度处应卧砌不少于两皮混凝土砖；或用槽型砌块，槽深度 60mm 灌注配筋混凝土。

2. 墙体的整体性连接

墙体作为房屋的主要竖向承载构件，围合的墙体构成了房屋的主体结构，墙体的整体性、连接质量好与坏，对于整个房屋的抗震性能至关重要。凉山地区砖混结构房屋的纵横墙连接处，如墙体转角和内外墙交接处是抗震的薄弱环节，刚度大、应力集中，尤其是房屋的四角还承受地震的扭转作用，地震破坏更为普遍和严重。我国大部分地区的村镇房屋基本未进行抗震设防，房屋墙体转角处缺少有效的拉结，纵横墙体连接不牢固，往往在 7 度时就出现破坏现象，8 度区则破坏明显。在转角处加设水平拉结钢筋可以加强转角处和内外墙交接处的墙体的连接，约束该部位的墙体，减轻地震时的破坏。另外，出屋面的楼梯间由于地震动力反应放大的鞭梢效应，更容易遭受破坏，其震害比主体结构破坏更加严重，更需要加强纵、横墙的拉结。

《镇乡村建筑抗震技术规程》第 5.2.2 条规定，纵横墙交接处的连接应符合下列要求：

（1）7 度时空斗墙房屋、其他房屋中长度大于 7.2m 的大房间，以及 8 度和 9 度时，外墙转角及纵横墙交接处，应沿墙高每隔 750mm 设置 2Φ6 拉结钢筋或 Φ4@200 拉结铁丝网片，拉结钢筋或网片每边伸入墙内的长度不宜小于 750mm 或伸至门窗洞边（图 6-11）。

（2）突出屋顶的楼梯间的纵横墙交接处，应沿墙每隔 750mm 设 2Φ6 拉结钢筋，且每边伸入墙内的长度不宜小于 750mm（图 6-12）。

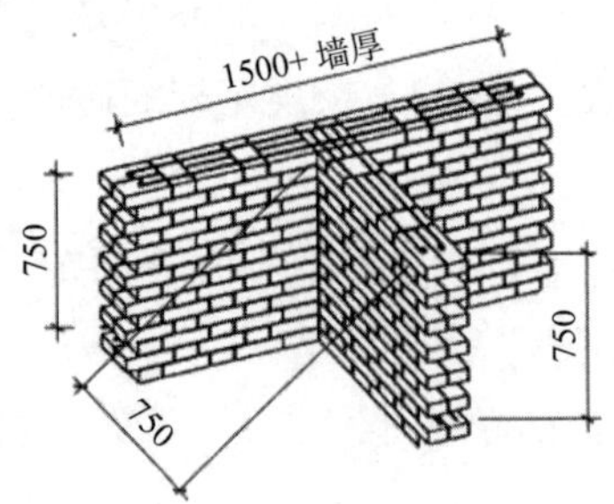

图 6-11 纵横墙交接处拉结（1）

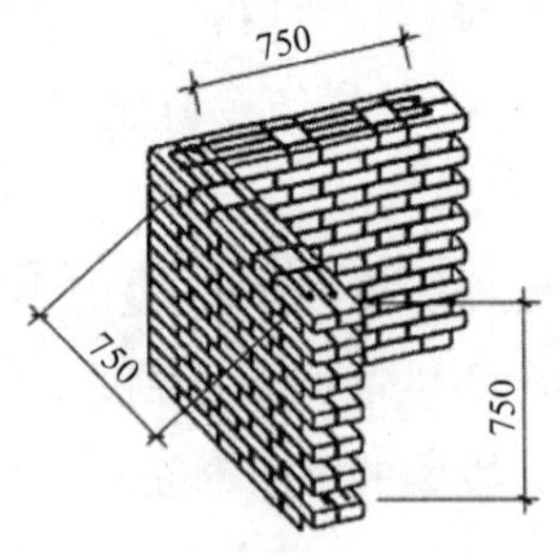

图 6-12 纵横墙交接处拉结（2）

（3）8 ~ 9 度时，顶层楼梯间的横墙和外墙，宜沿墙高每隔 750mm 处设置 2Φ6 通长钢筋。

（4）后砌非承重墙应沿墙高每隔 750mm 设置 2Φ6 拉结钢筋或 Φ4@200 钢丝网片与承重墙拉接，拉接钢筋或钢丝网片每边伸入墙内的长度不宜小于 500mm，长度大于 5m 的后砌隔墙，墙顶应与梁、楼板或檩条连接。

3. 构造柱设置要求

构造柱一般设置在房屋、楼梯间四角及大开间房间内外墙相交处，大房间指开间为 4.2m 及其以上的房间，如图 6-13 所示。

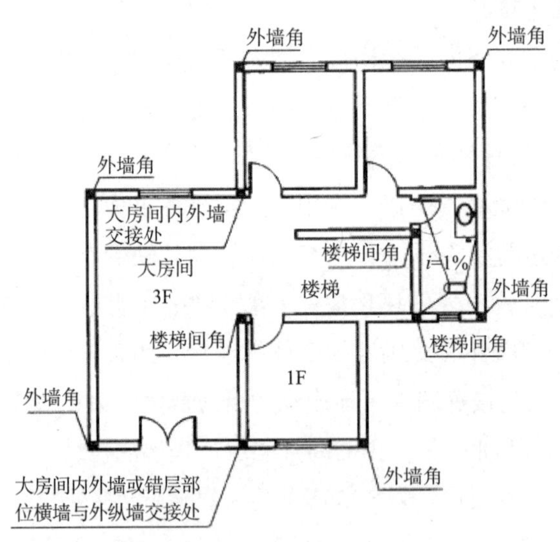

图 6-13 构造柱设置位置示意图

构造柱一般应从基础顶面伸至屋面圈梁，当有突出屋顶的楼梯间时，其下部楼梯间设置的构造柱应延伸到突出屋顶的顶部，并与顶部圈梁相连接；二层房屋，当墙体开设的洞口宽度大于 2.7m 时，应在洞口两侧的砖墙内设 240mm × 240mm 的钢筋混凝土构造柱，柱上下端应与圈梁连接。

传统的构造柱，在 240 墙中其截面尺寸一般为 240mm × 240mm，或 240mm × 180mm，180 墙中的构造柱截面尺寸一般为 180mm × 180mm。构造柱混凝土强度等级不低于 C20，纵向钢筋不小于 4Φ10，箍筋 Φ6@200。在构造柱上下端及与楼层相交处（屋盖圈梁下、楼层圈梁上下及圈梁顶面以上 600mm 范围内），箍筋间距应加密成 100mm。构造柱纵筋一般也在地圈梁顶面、楼层圈梁上部搭接。构造柱可不单独设置基础，但应伸入室外地面下 500mm，或锚入浅于 500mm 的基础圈梁中。

构造柱的施工程序为：绑扎钢筋—砌墙—支模—浇筑混凝土。构造柱与墙连接处应砌成先退后进的马牙槎，马牙槎高五皮砖。浇筑构造柱之前，应将砌体和模板浇水润湿，并将模板内的垃圾清除干净。

4. 门窗过梁构造要求

门窗过梁承担着洞口上部墙体的重量。如果过梁的强度不足或过梁的纵向钢筋伸入支座砌体内的长度不够也会出现问题。因此，在村镇砌体结构房屋中应重视对门窗过梁的构造要求。钢筋混凝土楼、屋盖房屋，门窗洞口应采用钢筋混凝土过梁；木楼屋盖房屋，门窗洞口可采用钢筋混凝土过梁或者钢筋砖过梁。当门窗洞口采用钢筋砖过梁时，钢筋砖过梁的构造要求应符合下列规定：

（1）钢筋砖过梁底面砂浆层中的钢筋配量应不低于表 6-11 的规定，直径不应小于 6mm，间距不宜大于 100mm；钢筋伸入支座砌体内的长度不宜小于 240mm。

钢筋砖过梁配筋　　　　**表 6-11**

过梁上墙体高度 h（m）	门窗洞口宽度 b（m）	
	b ≤ 1.5	1.5 < b ≤ 1.8
h ≥ b/3	3Φ6	3Φ6
0.3 < h < b/3	4Φ6	3Φ8

（2）钢筋砖过梁底面砂浆层的厚度不宜小于 30mm，砂浆层的强度等级不应低于 M5。

（3）钢筋砖过梁截面高度内的砌筑砂浆强度等级不宜低于 M5。

（4）当采用多孔砖或小砌块墙体（砌块墙应用混凝土砖）时，在钢筋砖过梁底面应卧砌不少于两皮普通砖，伸入洞边不小于 240mm。

5. 空斗墙构造要求

空斗墙房屋的破坏规律与实心砖墙房屋类似，也是以地震作用下的剪切裂缝为主，但是墙体的有效水平截面积小，墙体的整体性也相对较差，抗震性能总体来说不如使用同等强度的材料、房屋建筑形式以及体量、高度、层数等基本相同的实心砖墙房屋。为加强空斗墙体房屋的整体性，在一些抗震薄弱部位和承受楼屋盖重量的主要受力部位采用实心卧砌予以加强。

《镇乡村建筑抗震技术规程》第 5.2.10 条规定，空斗墙体的下列部位，应卧砌成实心砖墙：

（1）转角处和纵横墙交接处距墙体中心线不小于 300mm 宽度范围内墙体。

（2）室内地面以上不少于三皮砖、室外地面以上不少于十皮砖标高以下部分墙体。

（3）楼板、龙骨和檩条等支承部位以下通长卧砌四皮砖。

（4）屋架或大梁支承处沿全高，且宽度不小于 490mm 范围内的墙体。

（5）壁柱或洞口两侧 240mm 宽度范围内；屋檐或山墙压顶下通长卧砌两皮砖；配筋砖圈梁处通长卧砌两皮砖。

6.3.4 砖混结构施工要求

历次震害调查表明，施工质量的好坏对砖混结构房屋的抗震性能影响很大。如邢台地震时位于 8 度区的某厂铸工车间和锅炉房，相距很近，但因铸工车间使用了过期水泥拌制的砂浆，其强度比原设计砂浆强度低得多，导致地震中墙体严重破坏，而锅炉房由于砂浆强度等级高而完整无损。通海地震中，一幢医院因施工时气候干燥，砖未浇水，地震时比邻近的建筑破坏严重，从倒塌的砖块可以看到，砂浆与砖没有粘结，砖表面光滑。

由以上不难看出，施工质量的好坏是影响建筑物抗震的重要因素之一。因此，要保证施工质量，必须严格按有关施工操作技术规程和验收规范施工。

保证砌筑的施工质量应注意下列各点：

1. 为了防止在砌筑时因砖干燥吸水使砂浆失水，影响砖与砂浆之间的黏合。墙体砌筑前，砖或砌块应提前 1 ～ 2 天浇水润湿，并保证在砌筑前表面风干，且砖墙每日砌筑高度不宜超过 1.5m。

2. 砌体砌筑所用水泥砂浆和混合砂浆应分别在拌成 3h 和 4h 内用完；施工期间当气温超过 30℃时，必须在拌成 2h 和 3h 内用完。超过上述规定时间的砂浆，不得使用，并不能再次拌和使用。

3. 砂浆应具有较好的和易性和保水性。因此，应优先采用混合砂浆，采用水泥砂浆时要严格控制水灰比，尤其不得使用过期的水泥以及夹有杂质的砂和污水拌制的砂浆。

4. 为保证砌体均匀受压，砌筑灰缝应横平竖直，厚薄均匀；水平灰缝的厚度宜为 10mm，不应小于 8mm，不应大于 12mm，灰缝砂浆饱满度不应低于 90%，不得出现透明缝、瞎缝和假缝。砌筑多孔砖砌体时，多孔砖的孔洞应垂直于受压面，不得横放砌筑。

5. 为提高砌体的整体性、稳定性和承载力，砌筑墙体时应遵守上下错缝，内外搭砌的原则，避免出现垂直通缝，错缝或搭砌长度一般不小于 60mm。为满足错缝要求，实心 240mm 厚砖墙体一般采用一顺一丁的砌法，如图 6-14（*a*）所示；180mm 厚墙体

一般采用两平一侧的砌法，如图 6-14（*b*）所示；多孔砖墙体采用一顺一丁和梅花丁的砌筑形式，如图 6-14（*c*）、图 6-14（*d*）所示。砖的最下一皮和最上一皮，均采用丁砖砌筑，砌筑时砖块的侧面和丁头应刮浆。

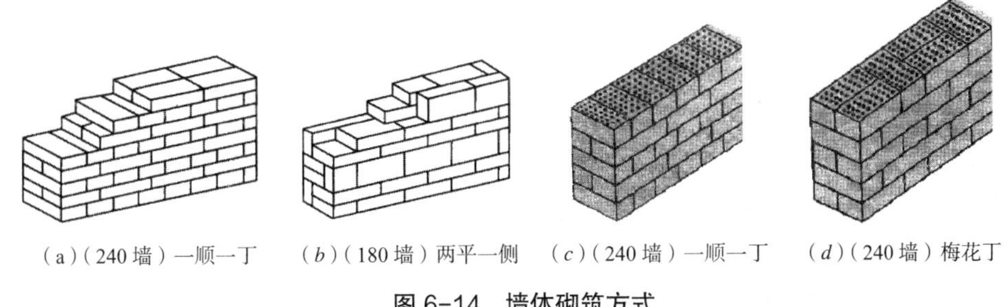

图 6-14　墙体砌筑方式

6. 砖柱不能采用先砌四周后填心的包心砌法，包心砌法的砖柱沿竖向有通缝，抗震性能差，不得采用。正确与不正确的砌法分别如图 6-15（*a*）、图 6-15（*b*）所示。砖柱的砌筑方式以一顺一丁或三顺一丁为宜，不宜采用五顺一丁，且其截面尺寸不应小于 370mm × 370mm。空斗墙宜采用“一眠一斗”或“一眠三斗”砌法，不宜采用无眠空斗。墙体在转角和内外墙交接处应同时砌筑，对不能同时砌筑而又必须留置的临时间断处，应砌成斜槎，斜槎的水平长度不应小于高度的 2/3，严禁砌成直槎。

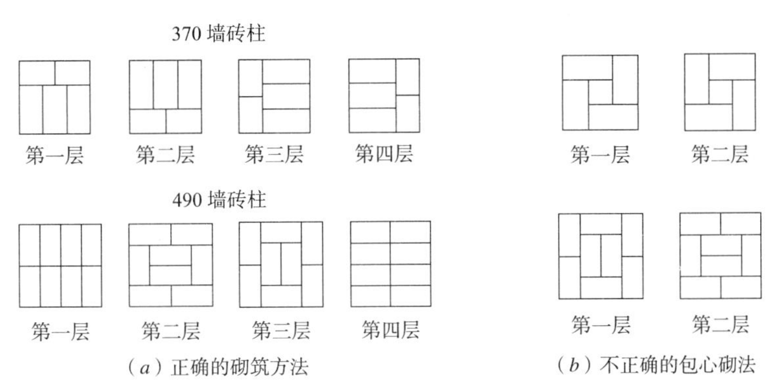

图 6-15　砖柱的砌筑方式

7. 埋入砖墙灰缝的拉结筋位置准确、平直，灰缝砂浆应密实并将其完全包裹，其外露部分在施工中不得任意弯折。

8. 钢筋混凝土有构造柱施工时，必须先砌墙，后浇筑构造柱混凝土；与构造柱连接处的墙体应先退后进砌成马牙槎，埋设于墙体与构造柱的拉结筋，伸入构造柱的长度不应小于 200mm，并与构造柱竖向钢筋绑扎或焊接。

9. 砌筑钢筋砖过梁时，应设置砂浆层底模板和临时支撑；钢筋砖过梁的灰缝砂浆应密实并将钢筋完全包裹，过梁伸入墙体支座内的钢筋端，应弯成 90° 弯钩并埋入墙体的竖缝中，竖缝应用砂浆填塞密实。

6.4 生土墙房屋的抗震设计

凉山地区除了近年来新建砖混结构房屋之外，传统彝族农房结构形式如生土墙房屋及木结构房屋，层数以一层、二层为宜，这类农房的设计还要满足《四川省农村居住建筑抗震设计技术导则》(2008 年修订版)、《四川省农村居住建筑抗震技术规程》的相关抗震设防要求。

6.4.1 生土墙房屋破坏特征

生土墙房屋泛指由未经过焙烧，而仅仅通过简单加工的原状土质材料建造的建筑。包括土坯墙房屋、夯土墙房屋等。这类房屋在凉山地区常见。生土墙承重的房屋在静力荷载和地震作用下的性能与房屋地基条件、墙体材料和施工方法关系较大。一般情况下，夯土墙承重房屋的抗震性能优于土坯墙承重房屋，但不论哪种形式的生土墙承重房屋，延性差是其显著弱点。通常，生土墙房屋容易发生以下类型破坏。

(1) 地基基础破坏。生土结构房屋几乎都没有经过正规设计，基础深度宽度较小。地基未经过很好处理，石料、黏土砖常用泥浆砌筑。若房屋建造在软弱地基、砂土液化地基及土质不均匀地段,也可能引起房屋整体破坏。在静力作用下,反映为墙体开裂,甚至倾斜。在地震荷载作用下会导致房屋的严重变形或倒塌。

(2) 结构体系不规则引起的破坏，尤其是单面坡房屋。

(3) 墙体开裂破坏。土坯墙房屋结构整体性差，纵横墙体之间无相互拉结的措施，地震时在剪切力的作用下，很容易发生墙体开裂、墙体外倾的现象，这是此类房屋的主要震害之一。震害表明，在 6 度地震烈度下，即有少量倒塌，大部分为转角 V 形局部塌落及墙体的斜裂缝、竖向裂缝、纵横墙交界处通裂缝等。

(4) 墙体受压承载力不足引起的破坏。屋盖系统的檩条或大梁直接搁置在夯土墙上，墙体承受着屋盖系统的全部重量，在檩条或大梁与墙体的接触处荷载集中，由于墙体受压能力或局部承压能力不足，承重墙体往往在使用阶段就产生竖向裂缝，对房屋的抗震性能不利。集中荷载作用下墙体裂缝。在地震作用下，由于地震力引起的梁檩与墙体搭接处的冲撞，造成梁檩拔出，山墙倒塌，甚至落架等震害。

(5) 洞口边墙体局部破坏。土坯墙体门窗洞口边土坯外鼓，这是因为在压力作用下立砌的土坯之间既无拉结措施，也无泥浆粘结，最外层的土坯独立工作时，强度及稳定性不足的表现。

(6) 其他破坏。墙内设置烟道削弱墙体,在地震作用下,因墙体强度不足产生裂缝。

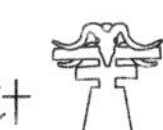

另外，一些地区房屋不设置门窗过梁，使门窗洞口上角普遍出现倒八字形裂缝。也有一些房屋因地基潮湿，而墙体又未采取防潮措施，墙角受潮剥落，墙根厚度减小，在地震时易造成墙体倒塌。

（7）房屋高度过高。有些生土墙承重房屋层数过多，地震作用下极易产生破坏甚至倒塌。

6.4.2　抗震设计一般规定

《四川省农村居住建筑抗震技术规程》第 3.3.1 条明确，在设防烈度为 7 度及其以上地区，不应采用生土墙承重结构体系。因此，位于宁南、普格、德昌、冕宁、喜德、昭觉、盐源、越西、雷波、布拖等十县市的新建农房不应采用生土结构，新型绿色农房应有足够的抗震性能，故对于上述地区的原有生土建筑应进行抗震加固或采用砖混结构形式。第 3.3.7 条规定，在设防烈度为 6 度时，不应建造两层的生土墙承重房屋，不应设置出屋面楼梯间。《四川省农村居住建筑抗震设计技术导则》第 4.0.3 条规定，6 度抗震设防时，采用未经焙烧的土坯、夯土承重墙体的生土建筑，以及灰土墙建筑宜建单层。

试验结果表明，生土墙土料采用消石灰粉和亚黏土拌制，配合比为 1∶9 或 1.5∶8 或 2∶8，其 28 天龄期的抗压强度为 11 ~ 12kg/cm^2；采用消石灰粉、砂和黏土拌制，配合比为 2∶2∶8，其 30 天龄期的抗压强度为 16kg/cm^2。可见，对在生土墙土料作适当的要求，在一定程度上是能够提高生土墙的性能的。而掺入碎麦秸，稻草等拉结材料不易拌合均匀，而且易腐烂，对防止墙体开裂实际作用不大，反而成团的麦秸和稻草对墙体会造成隐患。但为塑造自然、环保的建筑形象，可在墙体表面抹灰时适量加入。

一般规定，生土墙土料应采用掺入熟石灰或水泥的灰土土料，不得采用单一原始土料制作。生土墙的土料应符合下列要求：原始土料应选用杂质少的黏性土，并应进行碎细、晾晒和发酵的人工处理。土料中不应含有 20mm 以上砾石、干硬土块、砖块，不应混有塑料袋、植物茎叶等杂质；土料应掺入 5% ~ 10%（重量比）的熟石灰粉或水泥；土料中宜掺入砂石骨料，掺量不宜超过 25%（重量比），骨料最大粒径不宜超过 20mm；控制土料的拌合水，一般以掺水拌合的土料手握成团，落地即散为宜。土坯应采用模具制作，并应在模具中夯实；土坯的大小、厚薄应均匀；土坯的抗压强度不应小于 0.6MPa。土坯墙的砌筑泥浆宜采用黏土浆或黏土石灰浆，泥浆内宜掺入 0.5%（重量比）的稻、麦草节。

生土墙房屋应建在地势较高或较干燥的地方，室外地面应能随天然地形排除积水，或在房屋周围挖排除积水的排水沟。生土墙体的基础应选择砖、砌块、石、混凝土基础，基础应高出室内外地坪（面）300mm。此外，因生土墙极易被雨水、地下水侵蚀而剥脱，对强度影响很大，因此必须做好墙身防潮措施。《镇（乡）村建筑抗震技术规程》第 7.1.8 条规定，生土墙应采用平毛石、毛料石、凿开的卵石、黏土实心砖或灰土（三合土）基础，基础墙应采用混合砂浆或水泥砂浆砌筑。第 7.1.9 条规定，所有纵横墙基础顶面处应设置配筋砖圈梁；各层墙顶标高处应分别设一道配筋砖圈梁或木圈梁，夯土墙应采用木圈梁，土坯墙应采用配筋砖圈梁或木圈梁。

生土墙体的基本设计要求为：同一房屋不应采用生土墙与砖墙、砌块墙或石墙混合承重的结构体系；不应使用独立砖柱、砌块柱、石砌柱、土坯柱等承重方式。各类生土房屋，由于材料强度低，其平、立面布置应当更简单。结构体系布置上每开间均要有抗震横墙，在外廊或四角处不应采用砖柱、石柱承重的做法，也不能将大梁搁置在土墙上。房屋立面要避免错层、突变，同一栋房屋的高度必须相同。这些措施都是为了避免在房屋各部分出现应力集中。

生土建筑不应采用墙搁梁（或屋架）结构，同一建筑不宜采用不同材料的承重墙体。生土墙承重结构体系应采用横墙承重或纵横墙共同承重，纵横墙沿平面内宜布置均匀、对称，墙体布置应尽量闭合，同一轴线上的窗间墙宽度宜均匀，纵、横墙交接处应有拉结措施，烟道、通风道等竖向孔道不应削弱墙体。同时，圈梁应闭合，当遇洞口断开时，圈梁应上下搭接，搭接长度宜为上下圈梁间距的 2.0 倍，且不小于 1.0m。土坯墙房屋横墙间距达 3600mm，以及夯土墙房屋横墙间距达 4200mm 的大房间面积不应超过房屋总面积的 20%，且不应布置在房屋的尽端或转角处。坡屋盖生土墙房屋的两端开间、中间隔开间和大房间的山尖墙应设置竖向交叉支撑。竖向交叉支撑宜设置在中间檩条和中间系杆处。生土墙房屋宜采用双坡屋盖，屋面的坡度不宜大于 30°，不应采用墙支撑梁或屋架。生土墙房屋檐口至室外地坪的高度不应大于 3.6m。

生土房屋的屋面采用轻质材料，可减轻地震作用；提倡使用双坡或弧形屋面，可降低山墙高度，增加其稳定性；单坡屋面山墙过高，平屋面的防水存在问题，不宜采用。由于是土质墙体，一切支撑点均应有垫板或圈梁。檩条要满搭在墙上或椽子上，端檩要出檐，以增加接触面积，使外墙受荷均匀。

调查发现，受材料性能的影响，生土墙墙体在外墙四角、纵横墙交接处容易出现通缝，洞口两侧墙体在长期压力作用下易向洞口鼓胀，在建造夯土墙时应在墙角处、洞口边缘增加竹筋、木条、荆条等拉结构造措施，可以提高墙体的整体性，约束墙体变形。

6.4.3 抗震构造措施

抗震构造要求应严格遵循《四川省农村居住建筑抗震设计技术导则》、《四川省农村居住建筑抗震技术规程》中的有关规定。生土墙建筑的地基应夯实，做砖或石基础；宜做外墙裙防潮处理（墙角宜设防潮层）。6 度抗震设防时，采用未经焙烧的土坯、夯土墙承重墙体的生土建筑宜建单层，高度不大于 3.0m。为提高生土墙体的抗震性能，可选取如下构造措施：生土墙房屋在檐门处应设置木圈梁或配筋砂浆带，山尖墙顶

应设置顺坡的配筋砂浆带，并应符合下列要求：配筋砂浆带的砂浆强度等级不应低于 M5，配筋不应少于 3ϕ6；配筋砂浆带截面厚度不应小于 60mm，宽度应与墙顶宽度相同；木圈梁的截面厚度不应小于 50mm，宽度应与墙顶宽度相同。为了避免生土外墙四角和内外墙交接处出现过大通缝，应沿墙高每隔 300mm 左右放置一层竹筋、木条、荆条等编织的拉结网片，每边伸入墙体应不小于 1000mm 或至门窗洞边，拉结网片在相交处应绑扎；或采取其他加强整体性的措施。

檩条是承受和传递屋面荷载的主要构件，檩条与屋架（梁）的连接及檩条之间的连接均对屋顶的整体性有较大的影响。檩条与内墙的连接处需用 200mm × 400（600）mm 的木垫板加固，木垫板与檩条用 4 颗直径为 10mm 的扒钉钉牢，可提高屋盖的整体性和抗震能力。在山墙部位，檩条伸出檐口长度不小于 500mm，木圈梁与檩条间也需木垫块及铁扒钉固定。当生土墙上设置挑梁时，挑梁应压入墙内，压入墙内的长度与挑梁承受荷载有关，当其承受檐檩荷载时，压入长度应不小于挑出尺寸的 2 倍；无檐檩荷载时，压入长度应不小于挑出尺寸的 1.5 倍。如图 6-16 所示。

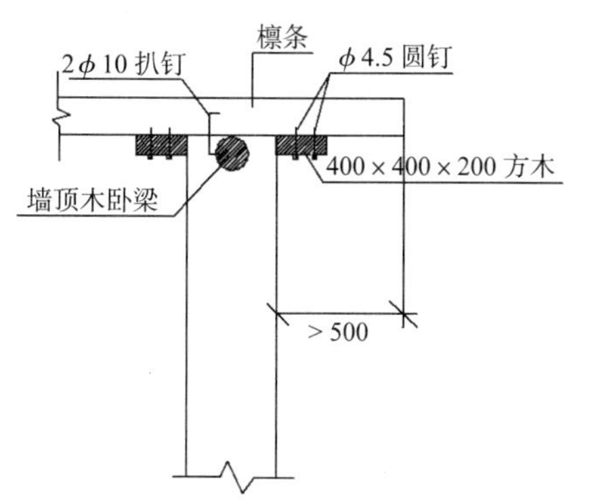

图 6-16　山墙与檩条连接做法

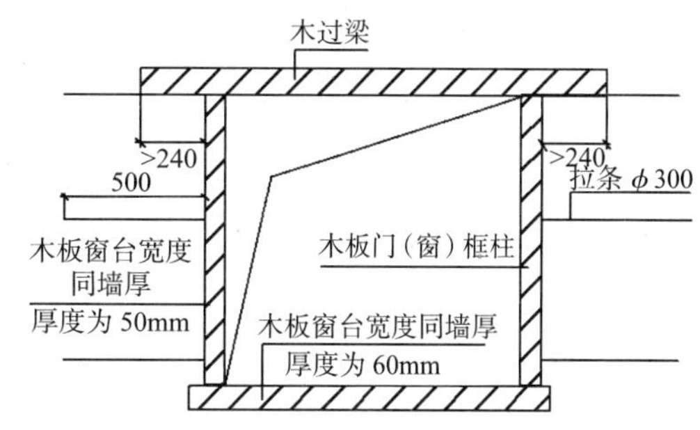

图 6-17　门窗洞口做法

生土墙门窗洞口两侧宜设置厚 30mm 的木板，门窗框应与两侧的木板和木过梁钉牢。门窗洞口两侧墙体宜沿墙高每隔 500mm 左右设置水平荆条、竹片等编织的拉结网片，拉结网片从门窗洞边伸入墙体不应小于 1000mm。当埋设门窗过梁时，应安放门窗过梁后再铺土夯筑。木过梁截面宽度应与墙厚相同；当洞口宽度小于 1200mm 时，木过梁截面高度或直径不宜小于 100mm；当洞口宽度大于 1200mm 且小于 1500mm 时，木过梁截面高度或直径不应小于 120mm。木过梁在洞口两端支承处应设置垫木；木过梁两端伸入洞口两侧墙体的搁置长度不应小于 300mm。做法如图 6-17 所示。

屋面宜采用轻质材料。当屋盖为木梁木构件平屋顶且屋面为覆土时，覆土的土层厚度不应大于 150mm；当屋面为座泥挂瓦的坡屋面时，其座泥厚度不应大于 60mm。

凉山州彝族农房的生土墙原料为消石灰粉、砂和本地黏土拌制，其 30 天龄期的抗压强度为 16kg/cm^2，考虑到施工难度和防腐问题，也不宜加入碎麦秸、稻草等拉结材料。这种材料自身强度不高，抗裂性能差，容易在外墙四角、纵横墙交接处出现通缝，应在这些部位增加竹筋、木条、荆条等抗拉材料网，沿墙厚度方向每隔 300mm 设置一层，横纵墙交接处应错位搭接，以加强墙体在转角处和内外墙交接处的连接，提高墙体的抗震能力。

彝族农房的建设受到原材料和经济能力局限，适宜采用浅埋的无筋扩展基础，包括砖砌体基础、混凝土小砌块砌体基础、毛石基础、灰土和三合土基础等。砖基础砖的强度等级不应低于 MU10，砌筑砂浆强度等级不应低于 M5。砖卵石基础应做成刚性基础。基础应埋入稳定土层且在地下水位以上。埋置深度不应小于 0.5m。同一结构单元的基础应采用同一类型，基础底面应埋置在同一标高上，否则应增设基础圈梁并应按 1∶2 的台阶逐步放坡。几种常见生土墙基础如图 6-18 所示。在室内外交接处的基础墙体处，一般是不低于室内地面以下 120mm 处做防潮层。详见《四川省农村居住建筑抗震构造图集》。

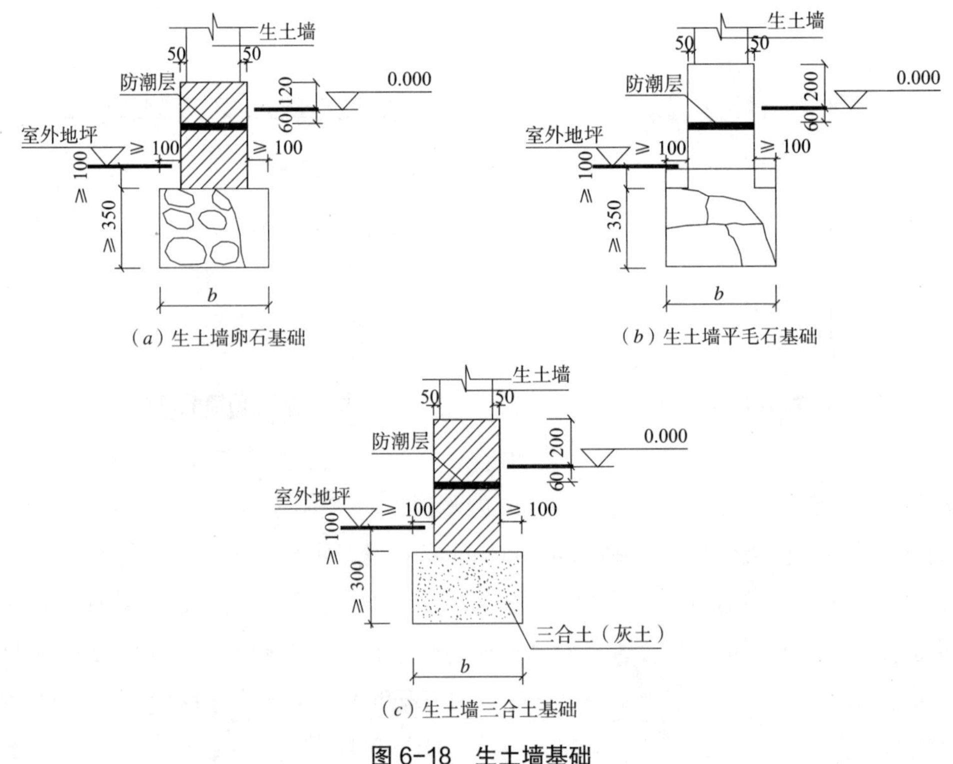

图 6-18　生土墙基础

同时，为了加强墙体的稳定性，夯土墙、土坯墙墙顶标高处应设一道圈梁，夯土墙应采用木圈梁，土坯墙可采用配筋砖或木圈梁。以夯土墙木圈梁为例，木圈梁高 120mm、宽 140mm；长度不小于 750mm；转角处搭接应用 16mm 钢鞘钉牢，10mm

钯钉锚固两端；木圈梁平行处应各削厚 1/2 平装，用 12mm 铅丝 4 匝捆绑固定，2 颗 100mm 长钉钉牢。做法见图 6-19 ～图 6-21。

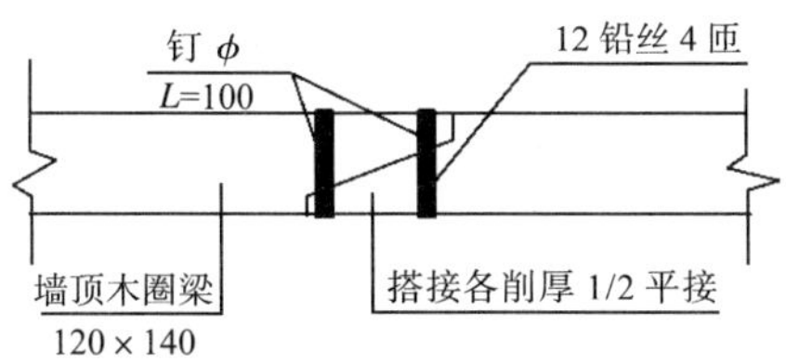

图 6-19　生土墙顶木圈搭接

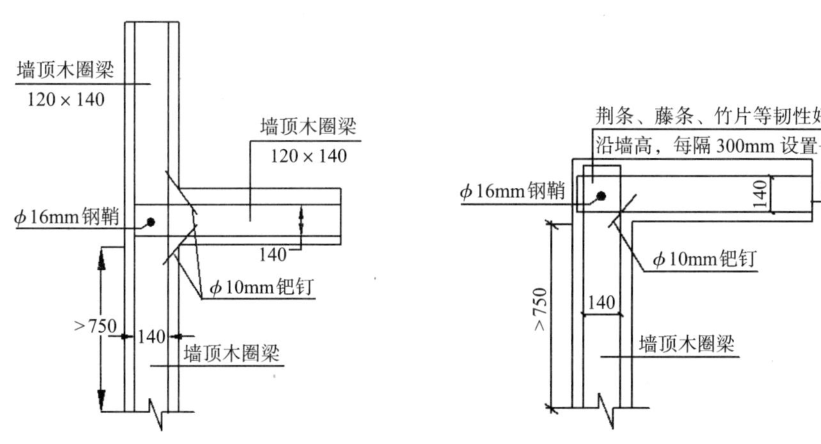

图 6-20　生土墙顶木圈梁转角连接　　**图 6-21　生土墙顶木圈梁转角连接**

6.4.4　施工工艺要求

土坯墙的施工要点：土坯墙应采用上下错缝、内外搭砌的卧砌方式砌筑，不应干码或斗砌，错缝或搭砌长度不应小于 60mm。每天砌筑高度不宜超过 1.2m。土坯墙的砌筑应采用挤浆法、铺浆法，不得采用灌浆法。水平砌筑缝厚度不应小于 12mm，竖向泥浆缝厚度不宜小于 10mm，砌筑缝的饱满度不应低于 90%，且不应出现透明缝。严禁使用碎砖石填充土坯墙的缝隙。土坯墙的转角处和纵横墙体交接处应同时咬槎砌筑，当不能同时砌筑而又必须留置的临时间断处，应砌成斜槎，斜槎的水平长度不应小于高度的 2/3。

砌筑泥浆应采用黏土浆或黏土石灰浆，砌筑泥浆中宜掺入 0.5%（重量比）的碎稻、麦草节；砌筑泥浆不宜过稀，应随拌随用，存放时间不宜超过 6h；泥浆在使用过程中出现泌水现象时，应重新拌合。当砌筑缝中设置有竹筋、木条、荆条等编织的拉结网片时，应将其拉结网片完全埋置于砌筑泥浆中，并压实抹平。

夯土墙墙体砌筑工艺要求：模板应有良好强度和刚度，不应产生较大的挠曲或变形。墙体夯筑时，应分层沿房屋墙体周围交圈夯筑；纵横墙交接处，应同时交槎夯筑或留踏步槎，不应出现竖向通缝。夯土墙均应夯筑密实。每板可分 3 次铺土，每次需铺土料厚度为 200 ~ 300mm，夯击不得少于 3 遍，并夯实至 150 ~ 200mm。夯土墙每日夯筑最大高度不应超过 1.5m。同时，夯土墙门窗洞口的施工应符合下列要求：当开设小窗洞口时，应先筑整墙后再开洞口。开洞时应轻敲轻凿，不得扰动墙体。当开设较大的门窗洞口时，应采取牢固的支顶措施再夯筑洞口上面的墙。门窗洞口边的拉结材料应在夯筑墙体时放入，并将拉结材料夯实于墙体土料中。当埋设门窗过梁时，应安放门窗过梁后再铺土夯筑。

为了确保墙体的整体性和稳定性，要限制生土墙的每天砌筑高度，防止刚砌好的墙体变形或倒塌。试验表明，泥缝横平竖直关系到墙体的质量。水平泥缝过薄或过厚，都会降低墙体强度。土坯墙体的转角处和交接处同时砌筑，对保证墙体整体性有很大作用。泥浆的强度对土墙的受力性能有重要影响。在泥浆内掺入碎草，可以增强泥浆的粘结强度，提高墙体的抗震能力。泥浆存放时间过长时，对强度有不利影响。竖向通缝严重影响墙体的整体性，不利于抗震，尽量避免设置。

6.5 木结构房屋抗震设计

6.5.1 木结构房屋震害特点

村镇木结构房屋是我国南方地区较长一段历史时期的村镇主要结构形式。同样，四川省凉山地区仍现存较多木结构房屋。村镇木构架的构造做法使得结构具有较强的空间稳定性。例如：①侧脚具有自动复位功能；②锚榫相当于弹性支座；③大屋盖柔性柱；④浮放柱脚可以滑移，减小上层结构的绝对加速度；⑤铺作层（斗、拱等）构造的减震；⑥ 结构的对称性减小扭转。震害经验表明，村镇传统木结构的主体构架在强震下表现出较好的延性特点，抗倒塌性较好，这是与其结构构造密切相关的，木构架和合理的节点形式提高了整体结构的抗震耗能性能；但维护结构连接薄弱，易破坏，表现为低烈度下的易损坏性。然而，由于某些村镇民居使用时间较长或未按照规范采取相应措施，从而导致其在地震作用下极易发生破坏。破坏类型主要分为以下三类。

1. *屋面和围墙震损*

藏式民居屋面震损主要有瓦面破坏、椽子及檩条的破坏。其中瓦面破坏表现在屋面瓦片掉落以及屋面悬挂装饰物掉落等。椽子与檩条破坏表现在屋面椽子檩条脱落，甚至檩条断裂造成屋面整体坍塌，如图 6-22（*a*）所示。藏式民居围墙根据结构及材料的不同，震损也有所区别。土质维护墙木结构主要表现在墙体与木构架脱开、墙体平面内开裂、墙体向外歪闪以及墙体部分或整体倒塌；而石维护墙木结构房屋墙体分层剥落甚至倒塌，墙体外闪，这也是石维护墙木结构墙体震损的普遍形式。

2. 木构架震损破坏

木架构震损主要体现在：①梁柱檩条相连的榫卯或连接处脱开，部分榫卯的轻微松动，或个别榫卯的脱开损坏不会直接导致结构倒塌，荷载也可通过木构架的内力重新分布得到平衡，但当主要受力杆件脱榫并出现塌落时，则可能引起结构的局部甚至整体垮塌。②木梁、木柱震损通常位于构件相连的节点处，多表现为破断，由于有的木梁柱截面尺寸较小，加之在节点附近截面削弱较大，在地震作用下，应力在该处集中使梁柱破断；也有部分构件由于受到常年腐蚀，在地震作用下促使梁柱破断。③木柱移位导致房屋局部变形或倒塌。部分房屋地基松动、塌落使木柱移位，或者木柱脚底未设置固定构件，如脚榫或拉结构造等，遭遇强震时可能出现木柱移位，如图 6-22（*b*）、（*c*）所示。

（*a*）屋面整体坍塌和外墙倒塌

（*b*）木梁破坏

（*c*）木柱移位

图 6-22　地震破坏图片

3. 地基震损破坏

凉山地区民居常选址于山区山坡地带，在修建时多进行地基处理，铺设垫层。根据历史地震调查资料，地震造成部分民居地基出现松动、塌落，使原本起支撑作用的木柱失去支撑点，轻则导致房屋局部变形，重则导致房屋倒塌。

6.5.2　木结构房屋一般规定

房屋总高度指室外地面到屋面板板顶或檐口高度，坡屋面应算到山尖墙的 1/2 高度处。由于结构构造、骨架与墙体连接方式、基础类型、施工做法及屋盖形式等各方面存在不同，各类木结构房屋的抗震性能也有一定的差异。凉山州传统农房所用的木结构多为穿斗木构架和木柱木构架承重，其结构性能较好，通常采用重量较轻的瓦屋面，具有结构重量轻、延性较好及整体性较好的优点，因此抗震性能比木柱木梁房屋优良，设防烈度为 6 度、7 度时可以建造两层房屋。从震害调查结果看，木柱木梁房屋的抗震性能低于穿斗木构架和木柱木屋架房屋，一般仅建单层房屋。

穿斗木构架是指建造时檩条直接支撑在柱上，檩条上布置椽条，屋面荷载直接由檩传至柱的一种结构形式（图 6-23），常见的做法是三柱落地或五柱落地的两坡屋顶。

穿斗式木构架中，木梁和木柱在交接处用榫头结合起来，并在横梁端部用木销穿过防止脱榫，每榀屋架一般有 3 ～ 5 根柱。因此，房屋的连接构造和整体性较强，横向稳定性也较好。

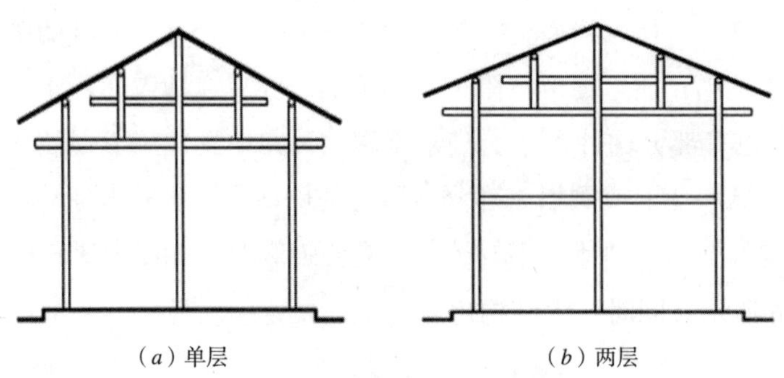

图 6-23 穿斗木构架示意图

木柱木构架是指屋架直接支撑在纵墙两侧的木柱之上，屋架与木柱用穿榫连接，有的节点加扒钉或铁钉结合（图 6-24）的一种结构形式。房屋比较高大、空旷，横向较弱。

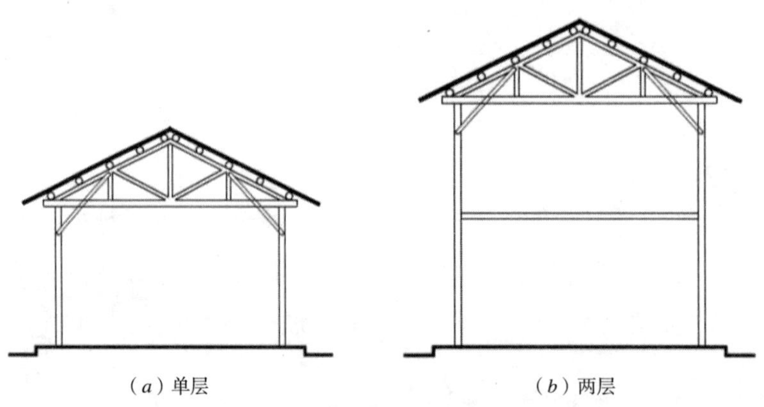

图 6-24 木柱木屋架示意图

木柱木梁结构的房屋根据屋面坡度大小，分为平顶式及坡顶式（图 6-25）。平顶式：一般做成强梁弱柱或大梁细柱，梁柱连接简单，屋顶一般铺设草泥或白灰焦渣，因此屋面重量较大；房屋矮小，屋顶坡度较小，没有高大且不稳定的山尖。坡顶式：与平顶式不同，坡顶式坡度相对较大，屋面铺瓦。

总的来说，形状比较简单、规则的房屋，在地震作用下受力明确、简洁。震害经验也充分表明，简单、规整的房屋在遭遇地震时破坏也相对较轻。木柱与砖柱或砖墙在力学性能上是完全不同的材料，木柱属于柔性材料，变形能力强，砖柱或砖墙属于脆性材料，变形能力差。若两者混用，在水平地震作用下变形不协调，将使房屋产生严重破坏。

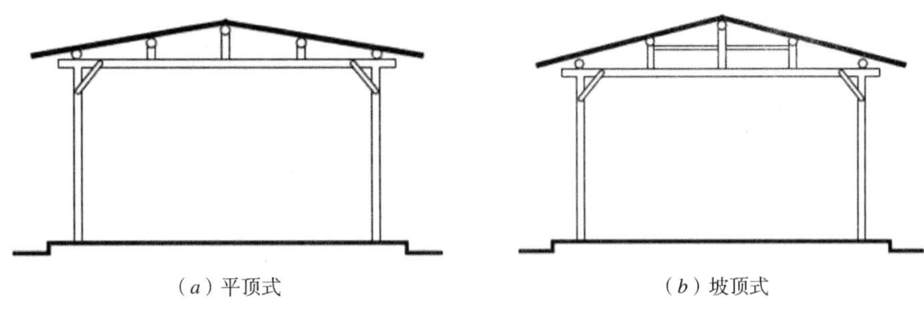

（a）平顶式　　（b）坡顶式

图 6-25 木柱木梁示意图

木结构屋（楼）盖应参照《农村居住建筑抗震构造图集》进行平面布置。平面布置图详见图 6-26 所示。同时，木结构房屋的平面布置应满足如下要求：应避免拐角或突出；同一建筑不应采用木柱与砖柱或砖墙混合承重。穿斗木构架、木柱木屋架房屋的层数不应超过两层，檐口高度不应大于 6.6m。木结构房屋木柱的横向柱距：6 度及 7 度时，不应大于 4.2m，8 度及 9 度时，不应大于 3.6m。木结构房屋木柱的纵向柱距：6 度及 7 度时，不应大于 6.0m，8 度及 9 度时，小应大于 4.2m。木结构房屋木柱的横向柱距、纵向柱距不应过大，保证了房屋的纵向、横向刚度及整体性，对抗震有利。如果搁置长度不够，会导致搁栅或支座的破坏。最小搁置长度的要求也是搁栅与支座钉连接的要求。搁栅底撑、间撑和剪刀撑用来提高楼盖体系抗变形和抗振动能力。

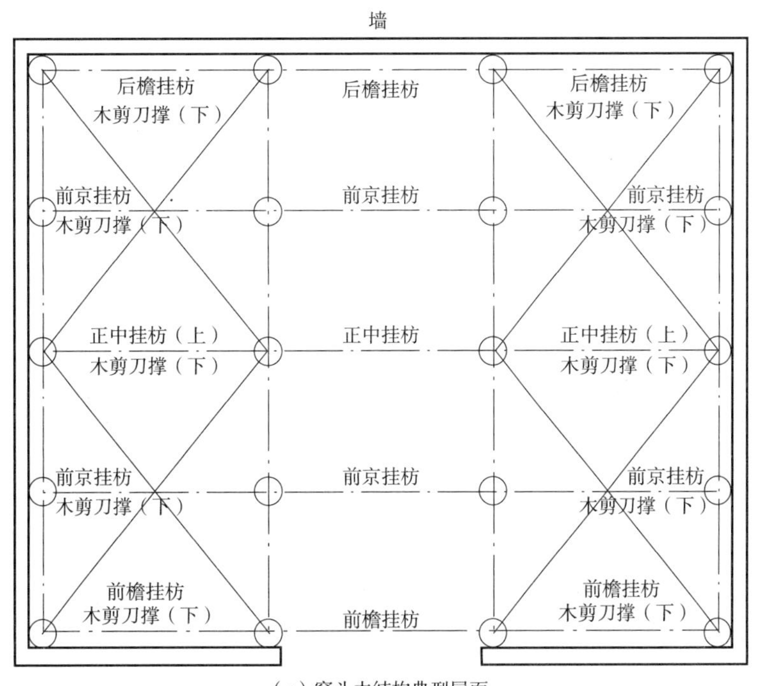

（a）穿斗木结构典型屋面

图 6-26 各类型木结构屋（楼）盖平面布置图（一）

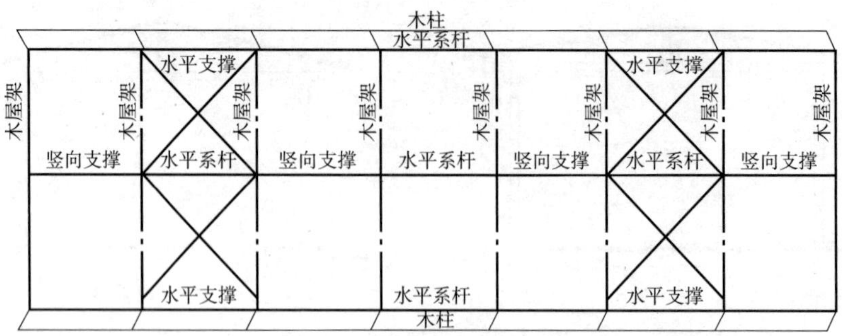

（*b*）木柱木屋架典型屋盖平面

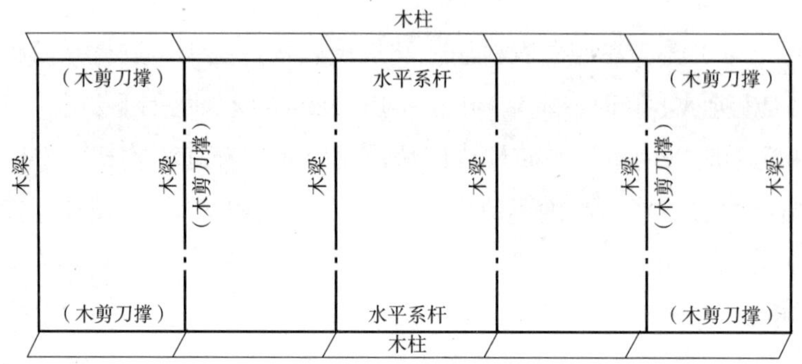

（*c*）木柱木梁典型屋盖平面

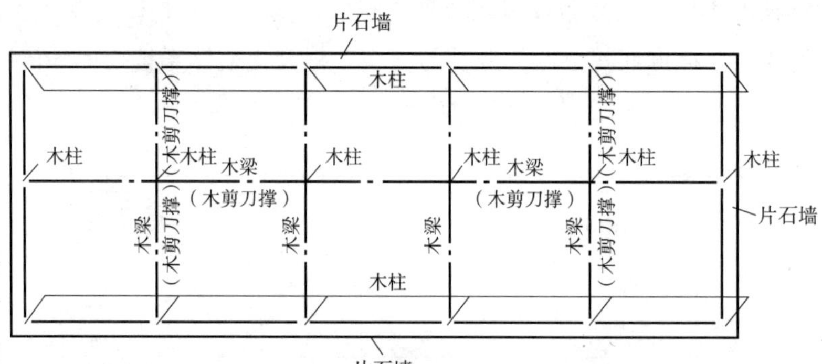

（*d*）木结构农房典型楼盖平面

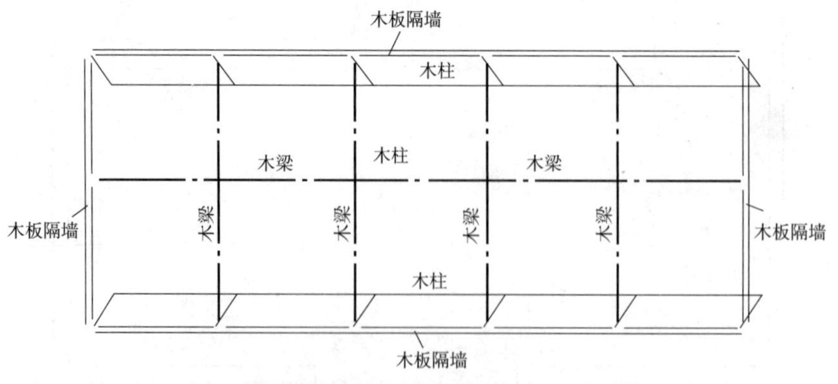

（*e*）木结构农典型屋盖平面

图 6-26　各类型木结构屋（楼）盖平面布置图（二）

震害表明，木结构房屋无端屋架山墙往往容易在地震中破坏，导致端开间塌落，故要求穿斗木构架、木柱木屋架房屋的梁、柱应设置端屋架（木梁），不应采用硬山搁檩及无下弦人字屋架。双坡屋架结构的受力性能较单坡的好，双坡屋架的杆件仅承受拉、压，而单坡屋架的主要杆件受弯。采用轻型材料屋面是提高房屋抗震能力的重要措施之一。重屋盖房屋重心高，承受的水平地震作用相对较大，震害调查也表明，地震时重屋盖房屋比轻屋盖房屋破坏严重，因此地震区房屋应优先选用轻质材料做屋盖。木构架房屋可以采用平屋面做法，以往采用较厚的泥背来达到保温隔热的要求，但对抗震不利，宜采用轻质屋面保温材料，如膨胀聚苯乙烯板材、聚氨酯保温板材。同时，木结构的楼盖应采用间距不大于 600mm 的楼盖搁栅、木基结构板材的楼面板和木基结构板材或石膏板铺设的顶棚组成。铺设木基结构板材的楼面板时，板材长度方向与搁栅垂直，宽度方向拼缝与搁栅平行并相互错开。楼盖搁栅在支座上的搁置长度不得小于 40mm，搁栅端部应与支座采用铁钉或 A8 扒钉连接，或在靠近支座部位的搁栅底部采用连续木底撑、搁栅横撑或剪刀撑，搁栅间支撑如图 6-27 所示。

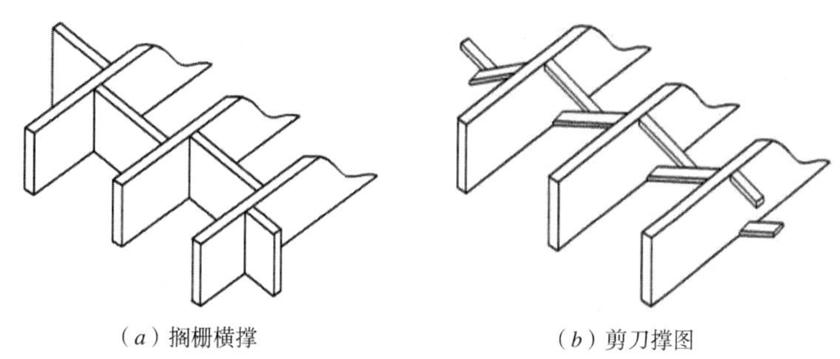

（*a*）搁栅横撑　　（*b*）剪刀撑图

图 6-27　搁栅间支撑示意图

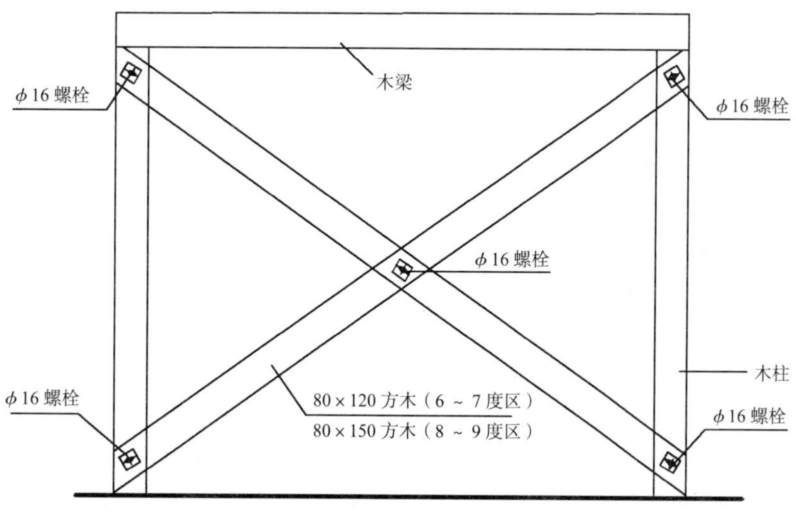

图 6-28　木柱木梁间竖向支撑详图

另外，值得注意的是，在木构件与围护墙之间应采取较强的连接措施，使得砌体围护墙体成为抗震时的抗侧力构件，因此墙体厚度应满足一定的要求。墙体砌筑在木柱外侧可以避免墙体向内倒塌伤人，且便于木柱的维护检查，预防木柱腐朽。木结构房屋围护墙应满足如下要求：砖、小砌块围护墙厚度不应小于 190mm；生土围护墙厚度不应小于 250mm；石围护墙厚度不应小于 240mm。围护墙宜采用轻质的围护材料，二层围护墙不应采用土坯、毛石、砖砌体，可采用板材或竹篱笆围护墙。围护墙应贴砌在木柱外侧，不应将木柱全部包入墙体中。

此外，地震中坡屋面溜瓦是瓦屋面常见的破坏现象，冷摊瓦屋面的底瓦浮搁在椽条上时更容易发生溜瓦，掉落伤人。因此，要求冷摊瓦屋面的底瓦与椽条应有锚固措施。根据地震现场调查情况，建议在底瓦的弧边两角设置钉孔，采用铁钉与椽条钉牢。盖瓦可用石灰或水泥砂浆压垄等做法与底瓦粘结牢固。该项措施还可以防止暴风对冷摊屋面造成的破坏。

6.5.3 抗震构造措施

木结构屋面木柱木屋架及穿斗木屋架宜采用双坡屋盖，坡度不宜大于 30°。屋面坡度大于 30° 时，瓦与屋盖基层应有拉结。座泥挂瓦的坡屋面，座泥厚度不应大于 60mm。屋面宜采用轻质材料（如瓦屋面、屋面轻质保温材料），如在屋面上做泥背时，泥背层厚度不宜超过 150mm。当采用冷摊瓦屋面时，底瓦的弧边的两角宜设置钉孔，可采用铁钉与椽条钉牢；盖瓦与底瓦宜采用石灰或水泥砂浆压垄等做法与底瓦粘结牢固。三角形木屋架在纵向的整体性和刚度相对较差，设置纵向水平系杆可以在一定程度上提高纵向的整体性。木屋架的腹杆与弦杆靠暗榫连接，在强震作用时容易脱榫，采用双面扒钉钉牢可以加强节点处连接，防止节点失效引起屋架整体破坏。

由于木结构房屋各构件的连接处比较薄弱，因此，规定在地震区的木结构房屋中，应在屋架与木柱连接处、木梁与木柱间、屋架之间加设斜撑并作好连接，从而增加木结构房屋节点连接性能及整体稳定性，具体做法如图 6-28、图 6-29 所示。木梁与木柱间除设置支撑外，也可采用榫接，需要时节点可采用铁件局部加强，或双面扒钉钉牢。实践表明，屋面木构件之间采用铁件、扒钉和铁丝（8 号铁丝）等连接牢固可有效提高屋盖系统的整体性，较大幅度的提高房屋的抗震能力。

檩条是承受和传递楼、屋面荷载的主要构件，檩条与屋架（梁）的连接及檩条之间的连接方式、构造要求均应满足条文要求以保证连接质量。檩条与屋架（梁）的连接及檩条之间的连接应符合下列要求：檩条与梁、屋架上弦以及檩条与檩条之间应采用扒钉或 8 号铁丝连接，连接用的扒钉直径：当 6° 、7° 时宜采 A8；8° 时宜采用 A10；9° 时宜采 A12；椽子或木望板应采用圆钉与檩条钉牢。檩条在木屋架上的支撑长度不应小于 60mm，当不满足要求时，应在屋架上增设檩托。搁置在梁、屋架上弦上的檩条

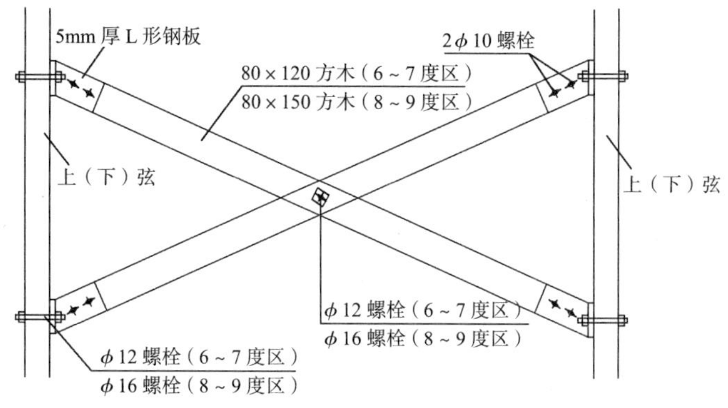

（a）屋架间竖向支撑详图

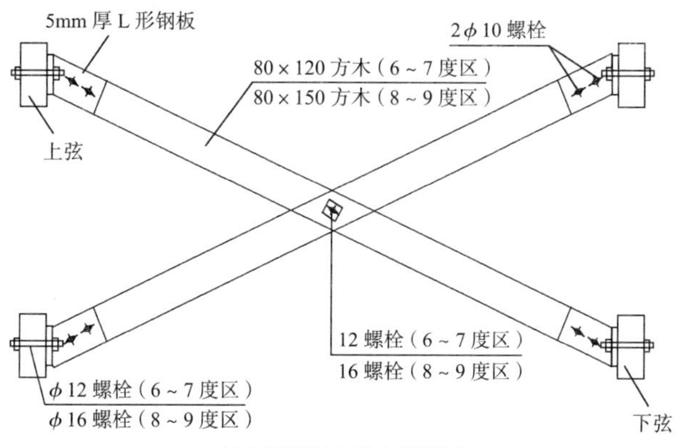

（b）屋架间水平支撑详图

图 6-29　屋架支撑详图

宜采用搭接，搭接长度不应小于梁或屋架上弦的宽度（直径）；当檩条在梁、屋架、穿斗木构架柱头上采用对接时，应采用燕尾榫对接方式，对接檩条下方应有替木或爬木，并采用扒钉或 8 号铁丝连接。双脊檩与屋架上弦的连接除应符合以上条款的要求外，双脊檩之间尚应采用木条或螺栓连接。木檩与木屋架连接、双木檩连接可参考图 6-30、图 6-31。

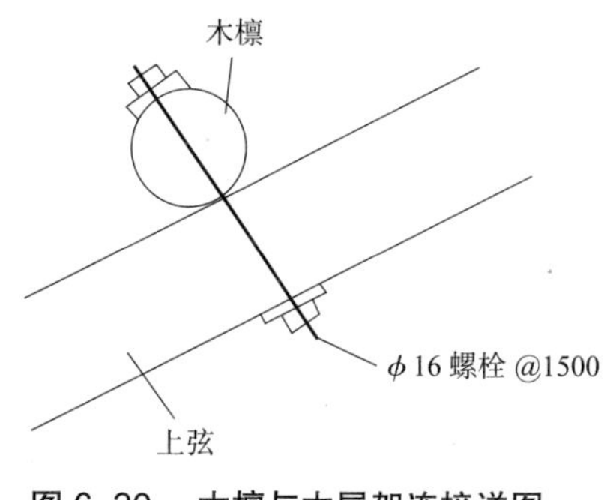

图 6-30　木檩与木屋架连接详图

（注：用于 8 ～ 9 度区）

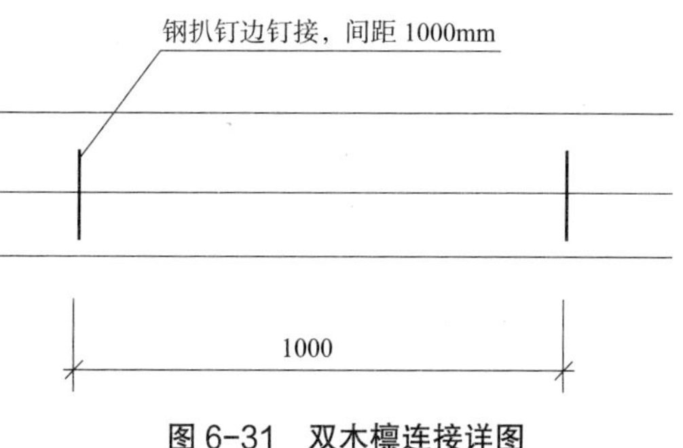

图 6-31　双木檩连接详图

（注：用于 8～9 度区）

三角形木屋架的跨中处应设置纵向水平系杆，系杆应与屋架下弦杆钉牢；屋架腹杆与弦杆除用暗榫连接外，还应采用双面扒钉钉牢。8 度时的木屋盖，当屋架跨度大于 6m 时，应在房屋两端开间及每隔 20m 各设一道上弦横向支撑；9 度时的木屋盖，应在房屋两端开间及每隔 20m 各设一道上弦、下弦横向支撑，尚应隔开间设置跨中竖向支撑及设置下弦通长水平系杆。支撑与屋架应采用螺栓连接。

穿斗木构架房屋的构件设置及节点连接构造应符合下列要求：木柱横向应采用穿枋连接，穿枋应贯通木构架各柱，在木柱的上、下端及二层房屋的楼板处均应设置。榫节点宜采用燕尾榫、扒钉连接；采用平榫时应在对接处两侧加设厚度不小于 2mm 的扁钢，扁钢两端应采用两根直径不小于 12mm 的螺栓加紧。当穿枋的长度不足时，可采用两根穿枋在木柱中对接，并应在对接处两侧沿水平方向加设扁钢；扁钢厚度不宜小于 2mm、宽度不宜小于 60mm，两端应采用两根直径不小于 1mm 的螺栓加紧。穿枋应采用透榫贯穿木柱，穿枋端部应设木销钉，梁柱节点处应采用燕尾榫（图 6-32）。

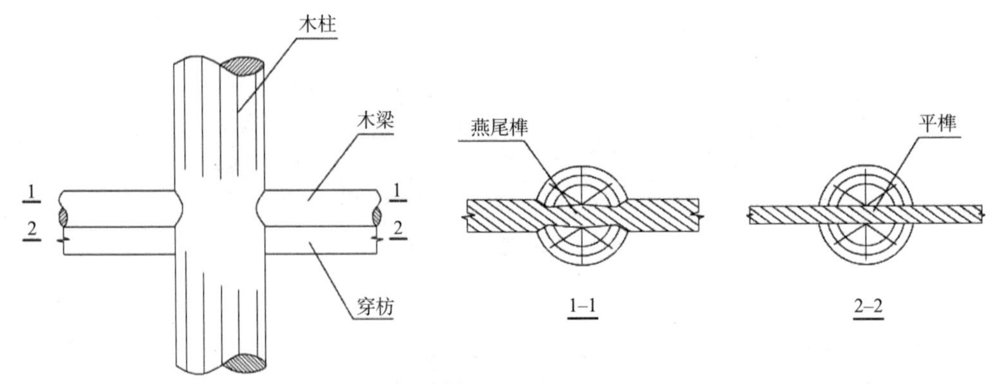

图 6-32　梁柱节点处燕尾榫构造形式

震害表明，木结构围护墙是非常容易破坏和倒塌的构件。木构架和砌体围护墙的质量、刚度有明显差异，自振特性不同，木构架和砌体围护墙或屋架腹杆间砌筑的土坯、砖山花墙的质量、刚度有明显差异，变形能力不同，在地震作用下产生的位移也不一致，两者相互碰撞引起墙体开裂、错位，严重时倒塌，造成人员伤亡和地震损失，此类做法应在日后的建设过程中避免采用。

为了改进围护墙的抗震能力，围护墙与木柱、木梁及木屋架应有可靠连接。连接应满足如下要求：

（1）围护墙与木柱的连接应符合下列要求：沿墙高每隔 500mm 左右，应采用 8 号钢丝将墙体内的水平拉接筋或拉接网片与木柱拉接。配筋砖圈梁、配筋砂浆带与木柱应采用 A6 钢筋或 8 号钢丝拉结，木圈梁与木柱应采用扒钉等可靠连接。

（2）为保证地震时围护墙只向外侧倒塌，而不致向室内倒塌，宜在围护墙内侧柱

间设剪刀撑或水平系梁；剪刀撑或水平系梁截面宽度不宜小于 50mm，截面高度不宜小于 120mm；水平系梁每层设置两道。

（3）内隔墙墙顶与梁或屋架下弦应每隔 1000mm 采用木夹板或铁件连接。内隔墙墙顶与屋架构件拉结是为了增强内隔墙的稳定，防止墙体在水平地震作用下平面外失稳倒塌。图 6-33 给出木柱与砖墙的拉结构造方法，图 6-34 给出木屋架与砖墙的连接构造措施。可参考。

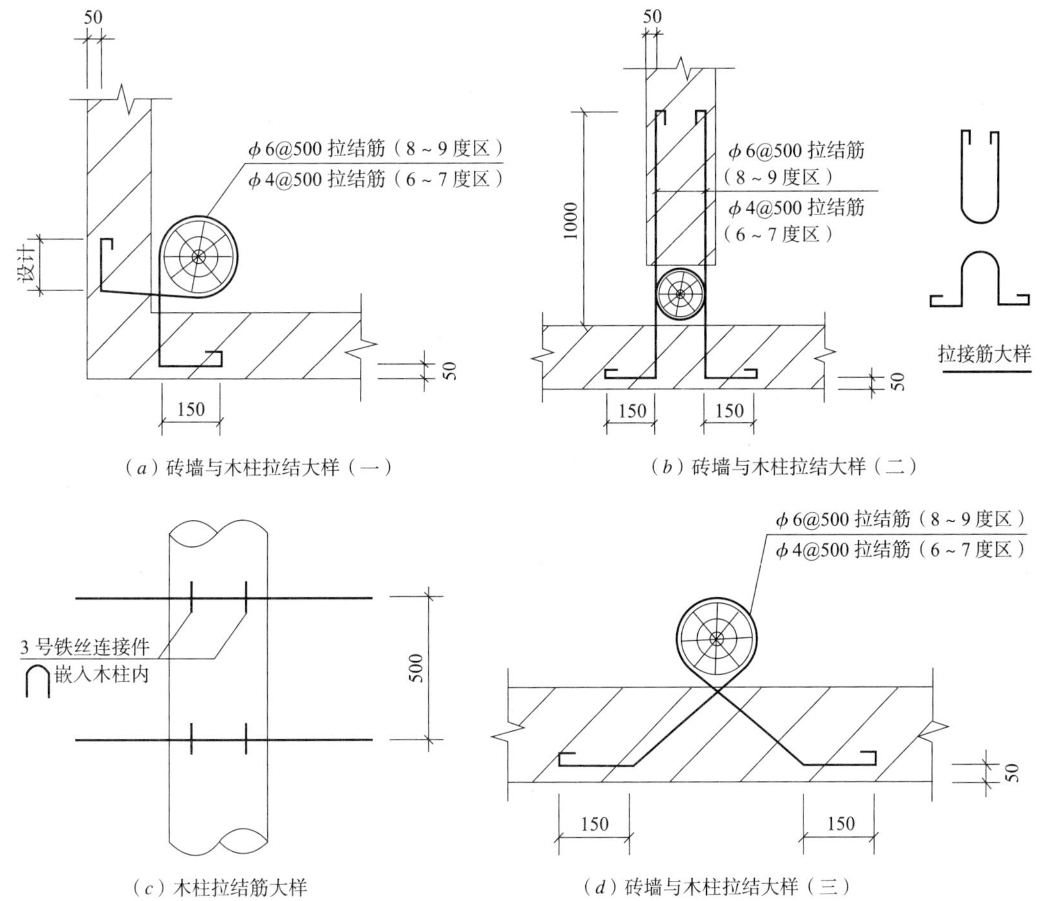

（*a*）砖墙与木柱拉结大样（一）

（*b*）砖墙与木柱拉结大样（二）

（*c*）木柱拉结筋大样

（*d*）砖墙与木柱拉结大样（三）

图 6-33　木柱与砖墙拉结构造图例

木结构房屋的柱顶应设置纵向通长水平系杆，系杆应采用墙揽与各道横墙连接或与木梁、屋架下弦连接牢固，墙揽可采用方木、角铁等材料。两端开间屋架和中间隔开间屋架应设竖向剪刀撑。建筑长度大于 30m 时，在中段且间隔不大于 20m 的柱间应设交叉或斜撑。穿斗木构架应在屋盖中间柱列两端开间和中间隔开间设置竖向剪刀撑，并应在每一柱列两端开间和中间隔开间的柱与龙骨之间设置斜撑。木结构房屋的木柱与木屋架连接处应设置斜撑，当斜撑采用木夹板时，与木柱及屋架上、下弦应采用螺栓连接；木柱柱顶应设暗榫插入屋架下弦并用U形扁钢连接。如图6-35所示。

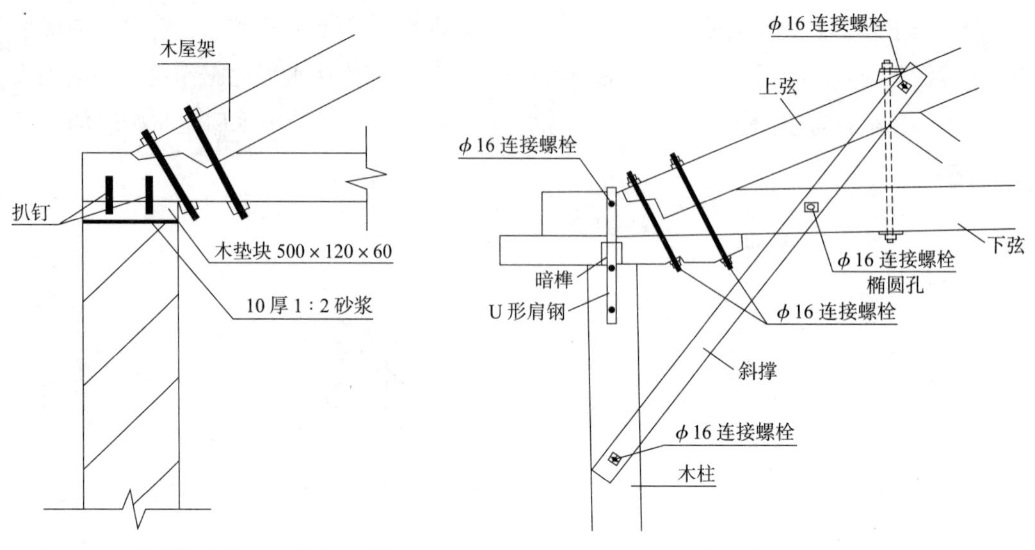

图6-34　木屋架支承于砖墙上示意图　　图6-35　木柱与木屋架连接示意图

此外，当木柱直接浮搁在柱脚石上时，地震时柱脚晃动，易从柱脚石上滑落，引起木构架的塌落。因此柱脚处应用足够长度的销键、榫加强与柱脚石的结合，以免在地震作用较大时销键或榫断裂、拔出而失去嵌固作用。柱脚与柱脚石之间宜采用石销键或石榫连接，如图6-36所示；柱脚石埋入地面以下的深度不应小于200mm。8度和9度时，木柱柱脚应采用螺栓及预埋件扁钢锚固在基础上，如图6-37所示。木柱基础可为混凝土或砖砌体基础，基础高度不应小于300mm。木柱基础施工可参考图6-38。其中，混凝土基础的强度等级不应低于C15；砖砌体基础的砖强度等级不应低于MU10，砌筑砂浆强度等级不应低于M5。

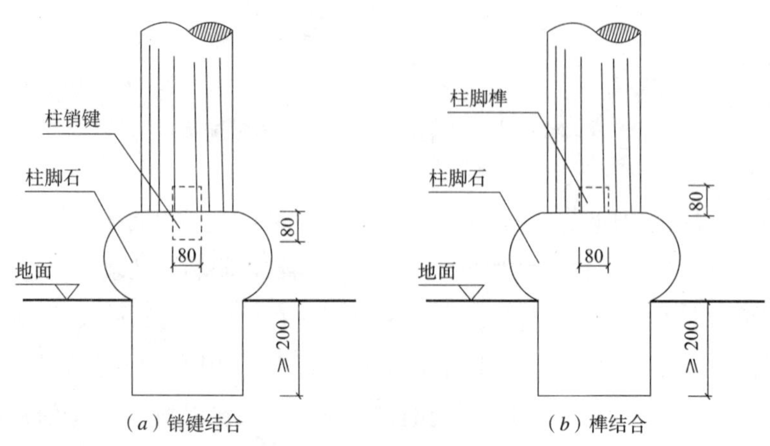

图6-36　柱脚与柱石脚的锚固

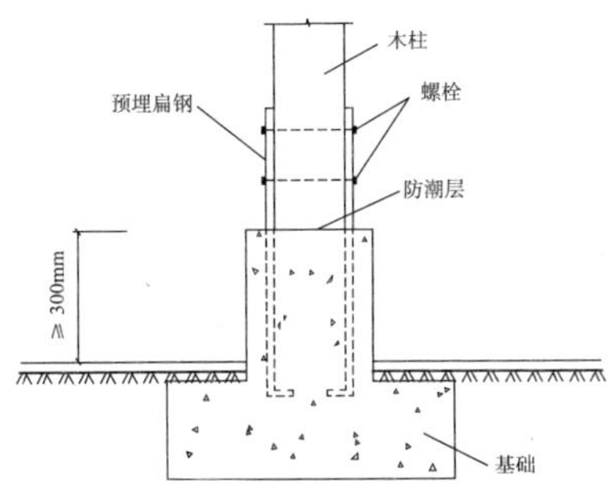

图 6-37　木柱与基础锚固和柱脚防潮

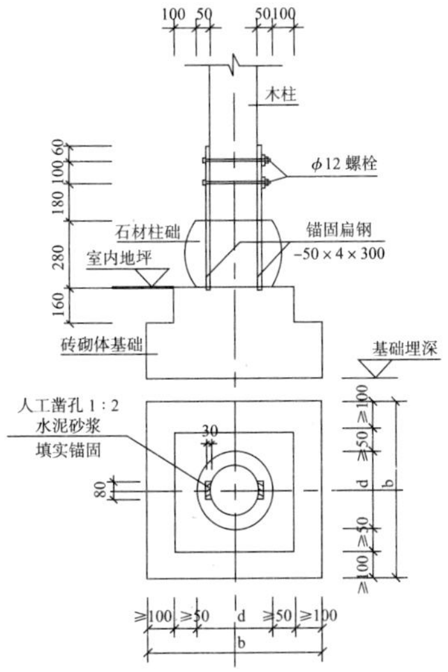

（*a*）木柱基础详图（一）

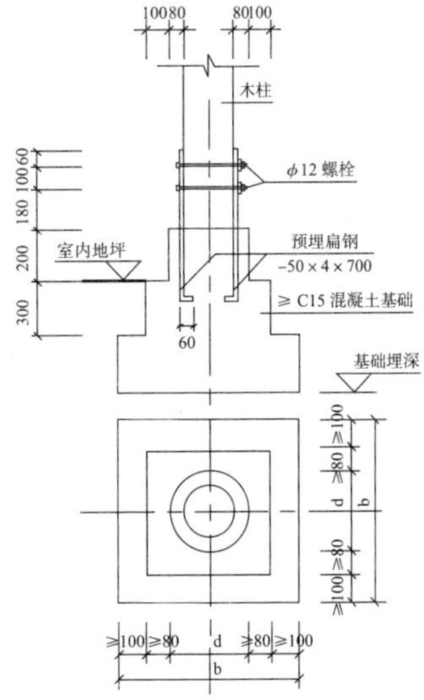

（*b*）木柱基础详图（二）

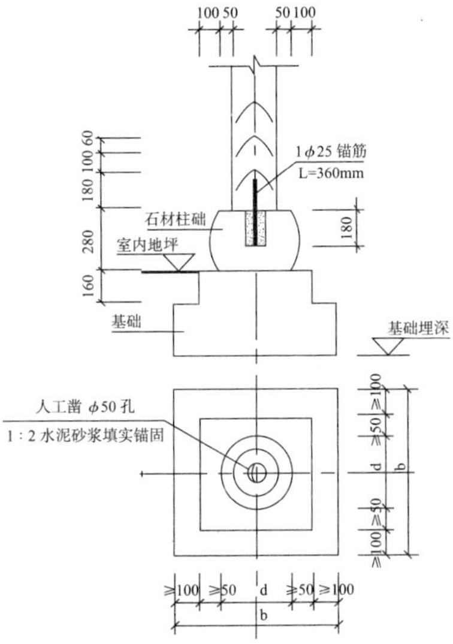

（*c*）木柱基础详图（三）

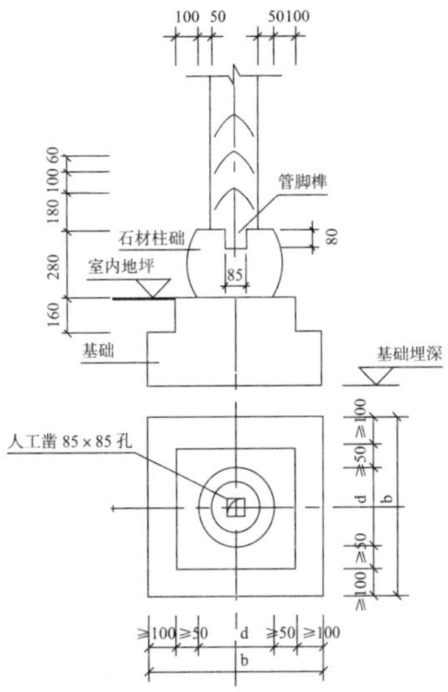

（*d*）木柱基础详图（四）

图 6-38　木柱基础详图

（注：详图一、二用于 8 度、9 度区；三、四用于 6 度、7 度区）

6.5.4 屋盖系统

调查发现，凉山州彝族农房采用的屋架多为木料制作，有的只有弦杆没有腹杆，遭遇地震时，屋架因无支撑、与柱子间无可靠连接而发生倒塌。也有相当数量的农房用穿斗木构架与砌筑山墙直接简单组合的结构形式，但是地震中，因檩条很容易就会从山墙中拔出造成屋盖被震塌落，整栋建筑破坏。故要求 7 度以下地区采用硬山搁檩屋盖时要采取措施加强檩条与山墙的连接，7 度设防地区木结构房屋不得采用硬山搁檩，应设置端屋架或木梁。

由于双坡屋架结构的杆件仅承受拉、压，而单坡屋架的主要杆件受弯，不利于抗震。因此新建木结构农房以采用双坡木屋架为宜。除了保证屋架自身的质量安全外，还要做好屋架与墙体圈梁、构造柱的连接，提高屋盖的整体性和刚度，以减小屋盖在地震作用下的变形和位移。若屋架间距较大，应考虑在屋架之间设置搁栅支撑、竖向剪刀撑，以提高木构架的平面外的纵向稳定性和屋面结构抗变形和抗震能力，在重要部位应采用螺栓连接以保证连接的可靠性。

震害调查表明，重屋盖比轻屋盖破坏严重，因此新建木结构农房屋盖应优先选用轻质材料，需要做屋面保温层时宜采用轻质保温材料如膨胀聚苯乙烯板材、聚氨酯保温板材。

彝族农房的坡屋面多为小青瓦覆盖，其做法为底瓦直接浮搁在椽条上，在地震中常常出现大面积溜瓦，掉落伤人。为保证地震时瓦片不滑落，应将底瓦与椽条锚固，常见方法为在底瓦的弧边两角设置钉孔，安装时将其与椽条钉牢，盖瓦可用石灰或水泥砂浆压垄等做法与底瓦粘结牢固。四川汶川地震灾区恢复重建中已有平瓦预留了锚固钉孔，对凉山州新建农房有一定的借鉴意义。

6.5.5 施工要求

彝族农村的木结构住房在拆旧建新时，有很多拆卸下来的柱、梁、檩条、屋架、砖瓦等原料，若新建住房仍旧采用木结构，就应当考虑材料的循环和再利用，这样既有利于减少砍伐树木，保护环境，也有利于农户降低房屋造价。但在利用废旧木料时要注意，那些已经产生较大变形、开裂、腐蚀、虫蛀或榫眼（孔）较多的木材，不能在新建房屋中作为承重构件使用，以免遗留安全隐患。

循环利用的木材往往会出现尺寸不够而需要接头，但在主要承重构件上应尽量不要出现接头，但当接头无法避免时，接头处的强度和刚度不应低于其他部位。对于穿斗木构架，穿枋、连接等部位不可避免要在木柱上开槽，但是柱截面削弱过大时，由于刚度不连续、强度不足引起柱的破坏，在实际震害中是常见的，因此限制木柱开槽位置和面积可以减轻或延缓薄弱部位的破坏。此外，保持良好的通风条件，木构件不直接接触土壤、混凝土、砖墙等，以免水或湿气侵入，是保证木构件耐久性的必要条件。

第 7 章 彝族绿色农房风貌设计

7.1 风貌设计中的绿色思想

凉山彝族居住于山地为主的自然环境，社会、经济、文化发展都受其制约，在长期发展中，已经形成了具有自己独特风格的民族建筑表现形式。在农房绿色更新中，凉山彝族农房风貌设计时应该充分利用气候环境、地方材料以及体现地域性的建筑文化来塑造具有民族特色和地域特色的民居。

7.1.1 风貌设计中的气候环境运用

凉山地区的气候环境对彝族传统建筑文化的形成发展影响巨大，无论是建筑布局还是主动被动式的利用气候环境，都深刻地反映了凉山彝族人民在特殊的高山环境下形成的朴素自然生态观。

1. 建筑选址

凉山彝族地区曾经在很长的时间里生产力低下，社会经济活动主要为农牧业，紧密依存于自然环境，与自然形成了一种共生的生存模式，并在他们的建筑中深刻地体现。凉山彝族聚居环境是以农田、果园以及山水自然风光为内容的自然环境，凉山地区的彝族传统民居选址遵循着与自然融为一体的生态原则，人们常常在其住宅边耕种农田或者种植树木，这种与自然共生的建筑模式不仅让凉山彝人的住房处在茂密的“森林”中，而且也能让人们在强烈的太阳下找到一处遮阳的交流场所，增进邻里关系，这种居住模式已经历了长时期的发展，形成了独特的建筑文化。

2. 被动式绿色技术运用

（1）凉山地区冬日阳光充足，将主要房间都布置在南向，同时设置阳光间，这样有利于房屋在冬季尽可能多的获取并储存太阳能，在夏季则可以尽可能多地散热并少吸收太阳能，基本上不添置附加设备的情况下，房屋自动地达到冬暖夏凉的效果。

（2）保持传统的坡屋顶屋檐出挑造型，坡屋顶适应了凉山州气候环境，在降雨季节有利于雨水快速排除，防水性能强，同时屋檐出挑可避雨，且减缓了风速，有利于房间的保温。

3. 主动式绿色技术运用

（1）凉山州的年日照时数高达 2400 ~ 2600h，具有丰富的太阳能。将光伏板（黑色）

置于屋顶与灰色调屋顶保持色彩一致的同时，也能够主动利用太阳光能直接转化为电能，从而节约能源。

（2）全年较为温和的气候为沼气全年使用提供保障，充分利用沼气能源有助于减少温室气体的排放和实现废物再利用，从而提供能源和改善生活环境质量。

7.1.2 风貌设计中的地方材料运用

凉山彝族传统民居中的生土、木材、石材、草等均为天然建筑材料，采用朴素简单的加工处理以维持其结构的牢固性、耐久性等，在农房绿色更新时应该延续传统材料形成的色彩和肌理。一方面从当地直接获取生土、木材、石材、草等天然建筑材料，另一方面选用当地生产的砖、瓦等材料，同时对保持完好且能继续使用的材料进行再利用以节约建筑用材。在选用新型材料时，应选择环保、耐用、容易获取的材料。从而将获取的各种材料运用现代手法演绎出传统地方材料形成的建筑表皮装饰艺术，具体方法为：

（1）承重结构与屋顶结构采用钢筋混凝土，形成建筑支撑骨架。

（2）维护结构采用砖墙砌筑。

（3）装饰构件采用木材或者 GRC、铝合金等新型建筑材料。

（4）坡屋顶的材料选用当地生产的青瓦。

（5）墙面表皮装饰采用黄色调涂料、黄色瓷砖，或者以生土为主混合材料涂抹外墙延续传统的色彩和质感。

（6）毛石材料做建筑勒脚，以满足就地取材的生态需求。

7.1.3 风貌设计中的建筑文化运用

1. 院落文化

随着凉山彝族地区普遍的现代化发展，民居的防御性功能丧失。新的建筑材料、新的建造工艺对凉山彝族民居带来冲击，凉山彝族民居也出现新变化以适应时代要求。而凉山彝族地区围合式布局的院落形式承担着凉山彝族人民的日常生产、集会、宗教祭祀等活动，在凉山彝人心中具有独特的情结，是一种家的象征标志，一直伴随着彝族民居的发展。同时采用围合式院落布置方式，夏季可以起到一定的避阳效果，而冬季则可充分保暖，在内部形成一个微气候。

2. 信仰崇拜

由于凉山彝族先民们所处的特殊自然环境和当时低下的社会生产力使得彝族先民相信万物皆有灵，万物都有其特殊的神力主宰着，所以他们在房屋建造中被动式的适应自然环境，同时他们往往把精神生活寄托于神的信仰，形成了多元的信仰崇拜包括自然崇拜、祖先崇拜、图腾崇拜、鬼神崇拜等。在建筑中这些信仰崇拜则通过相应的

装饰符号图形呈现，成为体现彝族建筑文化的载体。

7.2　彝族农房风貌设计

7.2.1　建筑形态

1. 建筑平面

根据实际调研发现，目前由于长期以来形成的生产生活习惯等原因，导致很多彝族民居布局形式欠妥，大多房屋布局不合理，人畜生活界线不明，严重影响到了居民的生活质量。同时凉山州处于抗震设防区，根据对农房建设的抗震设防要求，在建筑平面设计上应符合如下原则：

（1）建筑用地。根据四川省宅基地面积标准的规定，每人 30 ~ 35m^2；3 人以下的户按 3 人计算，面积不超过 90m^2，4 人的户不超过 120m^2，5 人以上的户按 5 人计算，乡镇不超过 150m^2，乡村不超过 180m^2，基于节约用地的原则，应严格按照此用地标准执行。

（2）建筑平面形态。建筑平面应该保持简单、规则，采用方形体块作为基本的平面形态，以适应高烈度地区，同时注意在凹凸部位做建筑断缝和加固的处理，防止产生应力集中的现象。尽量不采用异形平面,异形平面的形心和质心不重合,在地震当中，比方形平面容易倾倒，而规则的平面形态有利于提高在地震中的生存几率，减少人员伤亡。

（3）建筑功能布局。在平面功能组织上实现人畜使用功能的分离，将附房及圈舍等建造于主房侧面，最好位于主房后面，如图 7-1 所示；由过去依靠增加用地面积获取更多的使用空间转变为竖向获取更多的使用空间，同时按照现代家居的常规尺度设置

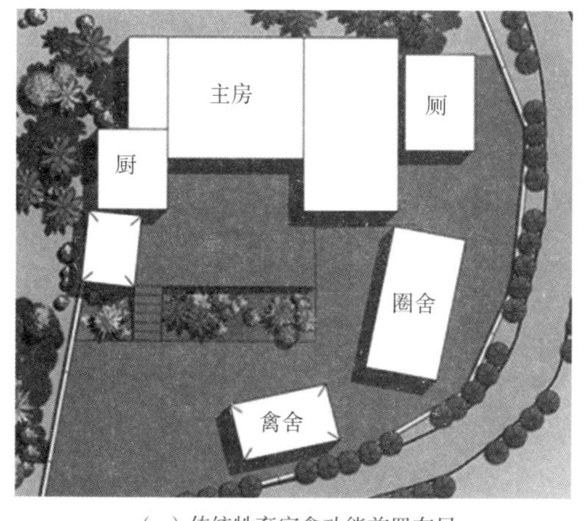

（a）传统牲畜家禽功能前置布局

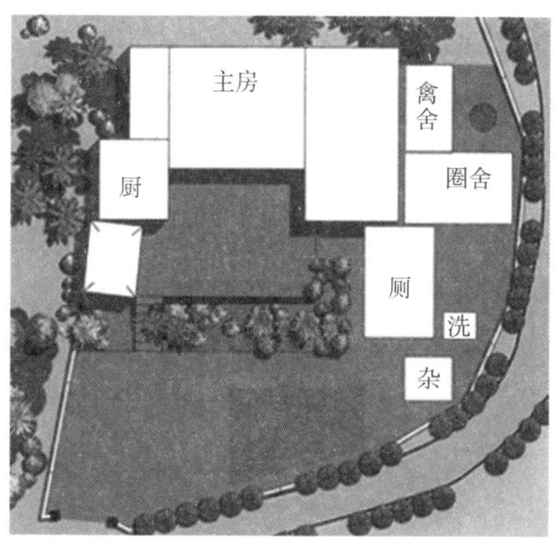

（b）现代牲畜家禽功能后置布局

图 7-1　人畜使用功能转换示意图

房间大小，满足独立卫浴空间需求以及三代居的潜在空间延性，合理进行空间组合设计；实现前后院落空间的划分，前院落（生活院落）作为居民进出、休闲、晾晒等主要空间，后院落（生产院落）作为民居劳作而归的次入口以及作为牲畜和家禽的转换空间，如图 7-2 所示。通过此种方式处理后，人畜功能界线划分更加明显，使用功能更加合理，从而改善住房的生活环境。

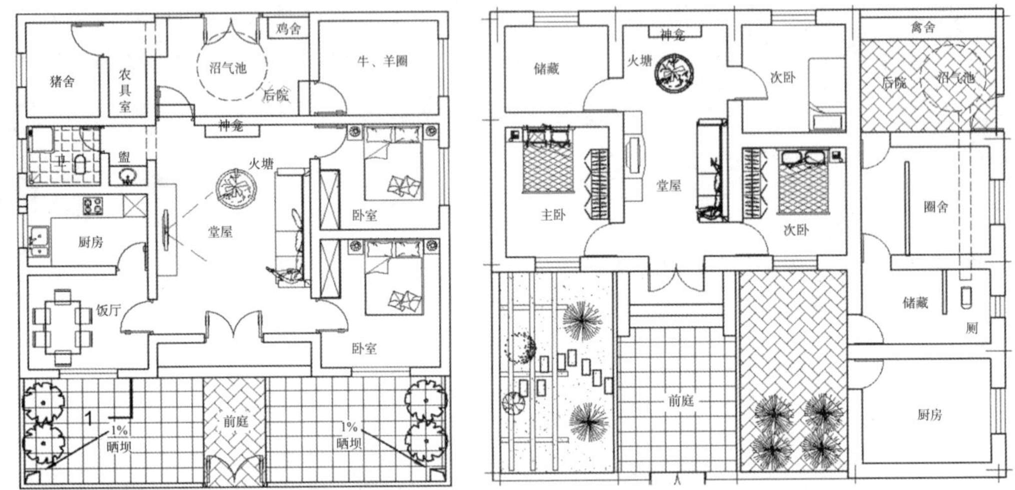

图 7-2　建筑前后院划分组合平面布局示意图

2. 建筑立面

以典型的单体彝族民居建筑为例，将建筑立面分成屋身、屋檐、屋顶三个系统部位进行分析：

（1）屋身系统的要素包括整齐排列“三开间”形式，对称布局的窗格以及具有民族特色的符号图案符号，门构件等要素，其中门窗包括丰富的门窗楣、富有民族地域特色的门窗样式。

（2）屋檐系统的要素组成在典型彝族民居建筑中比较突出，是彝族地域特色核心部位，包括挑檐枋木构件，挑檐、封檐板、滴水瓦以及彩绘的装饰图案等。

（3）屋顶系统的要素组成以传统的出挑檐口的坡屋顶形式以及延伸形成的屋脊装饰、青瓦屋顶等构成。

彝族民居建筑各类别的立面形式因地域等原因具有一定的差异，但是总体立面形式具有以下几个特征：

（1）立面以民族符号和色彩作为建筑立面细部装饰，同时挑檐枋木构件是彝族民居建筑一大特色。

（2）建筑立面统一以屋身、屋檐、屋顶三个部位构成彝族民居系统，整体形式方正规整、立面丰富，同时坡屋顶是其重要的立面形态，如图 7-3 所示。

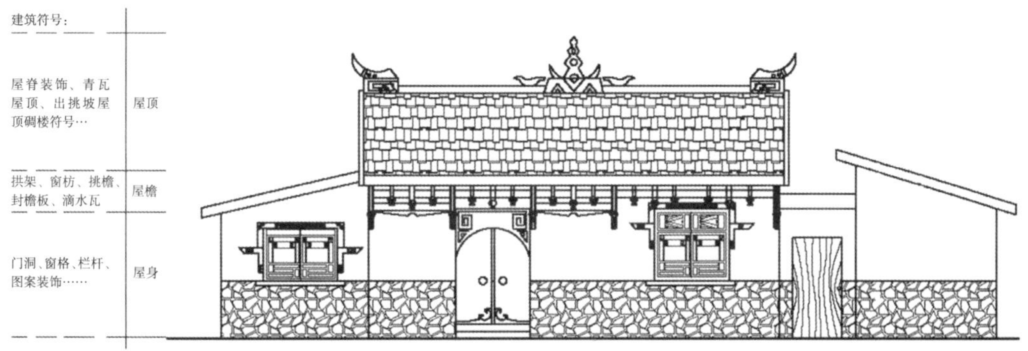

图 7-3　彝族民居坡屋顶立面形态

（3）民居中辅助用房忌高于主房的高度，形成高低错落感，如图 7-4 所示，同时因其特色的功能要求，形成了碉楼形态要素，与民居组合形成独特的彝族民居立面形态，如图 7-5 所示。

图 7-4　主房高于耳房彝族民居立面图

图 7-5　带碉楼的现代彝族民居立面

7.2.2　建筑肌理

1. 表皮肌理构成

建筑肌理是由建筑表皮使用的材质所构成的，是一种特殊的建筑装饰，在视觉上给人传递着最为直接的建筑信息，每一种材料都具有不同的肌理，即使是同一种材料也会因为不同的搭配也会产生出不同的肌理视觉效果。正是由于源于自然表皮材料（包括植物或矿物防护或装饰涂层）所引起的温馨体验，深深烙印于人们内心深处的记忆，在长期的历史中形成了集体传承的建筑文化基因。

通过对传统民居肌理构成的研究，从而运用在现代的彝族农房风貌设计中可以很好地实现建筑的地域性表达。通过调研发现，凉山彝族民居主要是由生土、木材、石材以及图案构成表皮肌理。

（1）土质肌理

土质肌理是凉山彝族传统民居最为常见的一类肌理，也是彝族民居使用量最大的材料，作为建筑主要空间围合的材料。为了增强泥土的稳定性和耐久性，在泥土中相应的增加草、竹等混合物，待墙体干燥成型后呈现出褶皱纹理。墙体的土质肌理和色彩给人的视觉感知是极强的乡土性，从建筑风貌塑造看，生土材料通过与木材、石材、装饰图案的组合运用，不仅与传统的建筑肌理和色彩协调，也可以创造出适应新时期的高品质的新肌理。

（2）木质肌理

在传统的生土木构架中木材与土质材料配合使用，用在了入口处的墙面，作为装饰和集热墙使用，如今木材更多的是建筑立面的补充，主要用于建筑的门窗、栏杆、屋檐下的挑檐枋木构件等部位。

（3）石材肌理

由于石材天生的耐久性特性，在民居中主要使用在建筑的勒脚部位，作为建筑局部的装饰和防水作用。

（4）图案肌理

图案肌理是将肌理要素按照彝族图腾纹样的图形构成组合形成的一类纹理，尽管这类肌理在建筑中所占比重较少，但它是在建筑立面装饰中体现彝族民族文化的重要途径，该类肌理更多的是通过彝族传统的三色进行彩绘，延续了彝族人民对色彩文化的崇拜心理。

2. 肌理的组合控制

建筑肌理在满足构成规律的基础上，还应该根据建筑表皮的使用面积来控制肌理构成要素细部的大小、组合排列关系以及整体构成面积避免建筑肌理的杂乱无章。在彝族民居绿色更新背景下，就单体建筑而言的，民居墙面应该以土质作为主要的肌理构成，如图 7-6 所示。

肌理控制说明：土质肌理比例 50% ~ 80%，辅助肌理（木质肌理、图案肌理、石材肌理）比例在 20% ~ 30%。

图 7-6　彝族民居墙面肌理整体控制建议

7.2.3　建筑色彩

凉山彝族民居色彩在建筑风貌中占有重要的地位，从建筑风貌设计讲，将传统的色彩体系运用到建筑立面中，有利于将独特的色彩艺术表达出来，实现建筑风貌的地域特色性。

1. 色彩类型

凉山彝族传统民居呈现的往往是建筑材料的本色，究其原因有：（1）凉山彝族住房室内中的火塘常年不灭，使得建筑室内的材料长期被烟熏火燎，把室内大部分建筑材料被烟尘熏染黑色，最终不管是上什么色彩都会变成黑色；（2）长期存在的神秘自然观和低下的社会生产力使得凉山彝族传统民居的色彩保持天然材料本色。从以上两种原因得出凉山彝族传统民居建筑色彩大致可以归纳为灰黑色调（屋顶部位）、黄色调（生土墙、木板墙、门窗构件）两种主要色调，显得比较原始和淳朴，这正是典型彝族传统的建筑立面色彩。在自然环境中经过风吹日晒雨淋，其木质的黄色逐步变成褐色。但是近年来，一些新建的凉山彝族住房中也开始使用黑、红、黄三种色彩的变化与组合，进行建筑细部的装饰，以丰富其建筑立面。有些地区的新建筑，装饰用色在沿袭传统的黑、红、黄的同时又加入了绿色、蓝色、白色等色彩，使建筑装饰效果更丰富，反映了彝族人民在新的生活条件下审美的变化。

综上，凉山彝族民居色彩体系主要由屋顶的灰黑色（接近黑色）、墙体的不同明度、纯度的黄色调、门窗木构件的棕色或者褐色、彩绘纹样色彩黑、红、黄三种色彩（部分绿色、蓝色、白色）构成。

2. 色谱建议

凉山彝族民居的色彩是在特定地域环境下形成的，具有显著的地域特色，但是目前彝族民居用色比较混乱，加上部分色彩随着时间出现了褪色、氧化等反映，使得彝族民居缺乏易识别、易推广的色彩标准，将获取的色彩进行量化梳理，根据色彩使用部位和面积大小确定出凉山彝族民居的主体色、辅助色、装饰色，提出了彝族民居的色彩参考，从而实现彝族民居色彩风貌的可持续性发展，见表 7-1。

彝族民居用色的色谱建议　　**表 7-1**

色彩分类	建筑部位	细部说明	建议色彩展示				
主体色	墙体	黄色墙体	R：226 G：189 B：109	R：187 G：173 B：159	R：241 G：238 B：161	R：229 G：216 B：174	R：194 G：144 B：85
辅助色	坡屋顶	青瓦	R：163 G：162 B：142	R：133 G：131 B：110	R：113 G：111 B：141		

续表

色彩分类	建筑部位	细部说明	建议色彩展示
装饰色	门窗、栏杆等构件	棕色系	R: 151 G: 75 B: 0 ； R: 113 G: 53 B: 17
	墙体、门窗、栏杆、檐部等部位	黑色系	R: 0 G: 0 B: 0
		红色系	R: 225 G: 0 B: 0
		黄色系	R: 225 G: 225 B: 0
		蓝色系	R: 0 G: 0 B: 225
		绿色系	R: 0 G: 225 B: 0
		白色系	R: 225 G: 225 B: 225

3. 色彩比例及组合控制

在色彩比例上，黄色调的墙体的施色比例是大于等于 50%，还有些门窗、木构件的拱架装饰纹样选择了不同明度的黄色，所以黄色调在整个彝族传统民居中的比重是非常大的。灰色的坡屋顶小于等于 30%，黄、灰二色的施色面积比重是很大的，这种色彩比重决定彝族民居色调属于暖色调，褐色、黑色及红色的点缀，使整个彝族民居庄严且赋予力量。通过分析与总结彝族传统民居施色比例，黄色墙面分别是装饰色系褐、绿、黑的三倍关系。

建筑色彩在满足基本的色彩体系构成的基础上，还应该明确基本的色彩组合使用来控制色彩使用从而避免色彩使用混乱，如图 7-7 所示。就彝族民居绿色更新的色彩组合运用应该坚持：

（1）黄色调的墙体和灰黑色调的屋顶作为民居不可缺少的基本色彩组合。

（2）门窗及栏杆等应该尽量采用棕色（或褐色），局部用黑、红、黄色装饰。

（3）图案符号和挑檐枋木构件在色彩使用时应该以黑、红、黄为主，局部采用蓝、绿、白，色彩以体现彝族色彩文化。这一类色彩的使用面积不宜过大以避免视觉杂乱，同时装饰色的使用面积过大也不符合农房住居绿色更新的本质。

色彩组合说明：黄色调的墙体和灰色调的屋顶作为基本色彩“骨架”，局部色彩装饰时，门窗及栏杆部位，应该尽量以棕色（或者褐色）为主，黑、红、黄点缀，装饰符号及木构件以黑、红、黄三色为主，少量运用蓝、白、绿色彩。

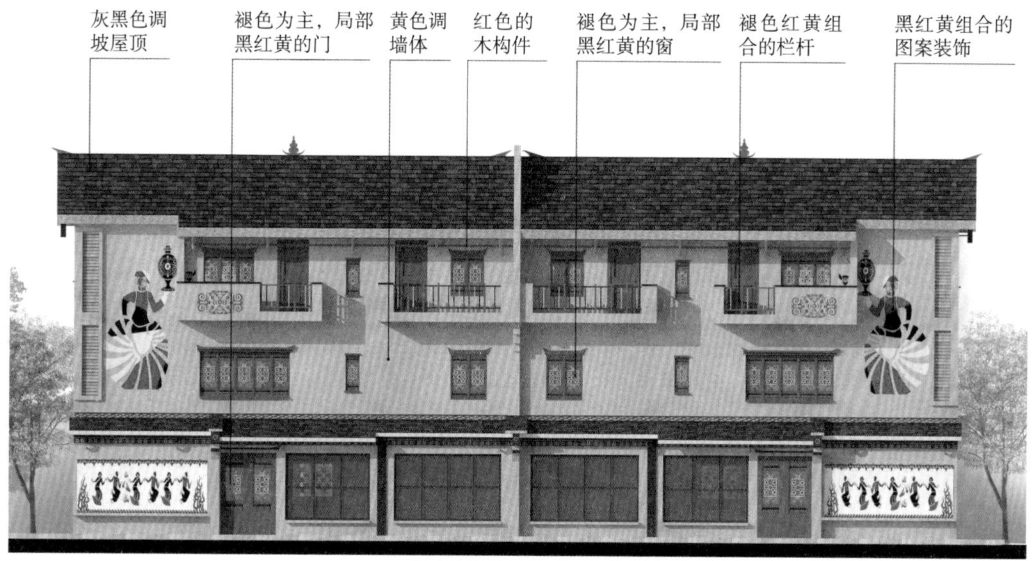

图 7-7　彝族民居色彩部位及组合示意图

7.2.4　建筑装饰符号

彝族人民在长期日常生活中通过将他们认为有意义和具有神奇力量的事物图形化的方式，逐渐总结和掌握了自己的装饰图形符号，并把这一符号以一种约定俗成的方式世代流传。从视觉艺术构成角度讲，凉山彝族民居的装饰符号主要分成纹样图腾符号和色彩符号。

1. 图形符号

纹样图腾符号主要是将现实生活中具象事物通过大胆裂解的手法进行抽象提取，在将具象事物转换为图形符号过程中，具有一形多意、一意多形、特征化归纳等特点，见表 7-2。被图形化后事物形成了凉山彝族装饰艺术中的装饰母纹，并最终被规范化、符号化。纹样图腾符号从图形符号母体的角度出发进行分类大致形成了植物类符号、动物类符号、人文类符号、自然类符号，见表 7-3。

图形符号装饰中通常是对以上四类图形符号母体进行分解、重构、拼合等多种处理手法，在原有的基础上为图形符号增加了新的寓意。图形符号在民居中运用过程中以上四类图形符号母体中一种、两种及两种以上的图案以对称、二方连续、四方连续的组合形成装饰纹样带状或者面状图腾，面状图形符号以虎图腾、竹图腾、太阳图腾（火图腾）等居多，见表 7-4、表 7-5。

二方连续，也称“带状图案”，是由一个单位图形（一个图形或两三个图形相组合为一个单位图形），向上下或左右两个方向反复连续而形成的图形装饰符号，四方连续纹样是指一个单位图形向上下左右四个方向反复连续循环排列所产生的图形符号。

彝族民居图形符号图例一览表（1）　表 7-2

一形多义		鱼骨 / 蕨叶 / 松树 / 杉树	虎纹 / 栅栏	指甲 / 虫牙	鸡肠 / 天河	发辫 / 绳花
一意多形	火镰					
	猴眼					
	羊角					
特征化归纳替构	采用对象最具特点的局部来代替整体	猴眼	铁链	铁环	鸡冠	绵羊角
		牛眼	鸡肠	鸡眼	鱼眼	牛角
			螃蟹脚			

2. 色彩符号

色彩符号是彝族装饰符号最为特色的装饰方式，主要是两种：一是以单纯的黑、红、黄色组合运用；二是对图形符号进行配色。

（1）单纯的黑、红、黄组合方法

主要是将这三种色彩进行拼接，将色块按照相应审美艺术要求的构图规律形成单纯的色彩组合装饰符号，从而通过色彩搭配增加颜色的协调性和装饰艺术审美的视觉效果。

（2）纹样图腾进行配色方法

图形符号配色运用原则：首先强调的是在装饰符号配色上，采用高明度、高纯度的原则。第二强调的是在整个装饰符号配色中仍然以黑、红、黄为主要色彩，配合少量的白、绿、蓝。

图形符号配色实际运用形成两种搭配：一是，以黑色为底图，其他色彩作为辅助；另一种则是，非黑色调，以红、黄为主要色形成底图，再用色彩装饰其他部分，这种配色与以黑为底相比，张力就没有那么明显，但是整体的色彩舒适度与协调度明显。

彝族民居图形符号图例一览表（2）　　表 7-3

类别							
植物符号	花蕾	花	瓜子	南瓜子	蕨草	花叶	蒜辫
动物符号	羊角	牛角	鸡冠	鸡冠	蛇	鸡肠 / 天河	牛眼
	猪齿	青蛙	绵羊角	虫纹	猴眼	鸡眼	鱼眼
人文符号	阶梯	铁链	铁环	指甲 / 虫牙	发辫 / 绳花	脚弯	龙纹
	空格	窗户	火镰	渔网	线架	方位	矛
自然符号	太阳	月亮	星星	星星	云彩	山岳	水纹

民居墙面常见图腾装饰示意图　　表 7-4

火图腾示意一	火图腾示意二	火图腾示意三
纹样组合图腾示意一	纹样组合图腾示意二	纹样组合图腾示意三
葫芦图腾示意	黑、红、黄组合图腾示意	祥云图腾示意
虎图腾示意一	虎图腾示意二	鹰图腾示意

民居墙面常见纹样装饰示意图 表 7-5

羊角元素的纹样装饰示意一	羊角元素的纹样装饰示意二

羊角元素的纹样装饰示意三	羊角元素的纹样装饰示意四

羊角元素的纹样装饰示意五	羊角元素的纹样装饰示意六

羊角、火镰元素组合的纹样装饰示意一	羊角、火镰元素组合的纹样装饰示意二

火镰元素的纹样装饰示意一	火镰元素的纹样装饰示意二

星星元素的纹样装饰示意一	星星元素的纹样装饰示意二

花草元素的纹样装饰示意	羊角、鸡冠元素的纹样装饰示意

黑、红、黄色彩元素的纹样装饰示意一	黑、红、黄色彩元素的纹样装饰示意二

发辫、瓜子元素组合的纹样装饰示意一	发辫、瓜子元素组合的纹样装饰示意二

指甲 / 虫牙元素的纹样装饰示意	鸡冠 / 猪蹄元素的纹样装饰示意

鸡冠、太阳、月亮、花草的纹样装饰示意	其他纹样要素组合装饰示意

7.2.5 建筑细部装饰

彝族民居立面细部装饰通常是以纹样图腾图案、三色（黑、红、黄）、挑檐枋木构件为基本原型按照装饰艺术的手法进行创新性运用，形成了彝族民居装饰的一道亮丽的风景，如图 7-8 所示。本小节通过对入口、门、窗、墙体、栏杆、外檐、屋顶的部位处理从而在建筑细部丰富新建彝族农房立面装饰效果。

图 7-8　彝族民居细部装饰效果生成流程

1. 入口装饰

这里的入口是指带有院墙的入口部位，是民居与院外空间出入的过渡区，同时也是一个特殊的建筑符号，入口的设计应该具备一定的识别性。入口的装饰具体方法可以采用两种方式体现民族特色具体如下：

（1）入口的基本形态延续双坡屋顶的垂花门，同时在屋脊两端向上起翘，形成牛角造型，檐下利用挑檐枋木构件并利用纹样和色彩进行彩绘，在门框上也进行的纹样和色彩装饰，形式上基本延续凉山彝族民居装饰风格，如图 7-9（*a*）所示。

（2）利用柱梁构件方式在柱梁上雕刻具有民族特色的图案（也可以增加相应的彩绘装饰），同时也可以在横梁上悬挂图腾作为装饰，形成如同寨门的入口形式，极富民族特色，如图 7-9（*b*）所示。

（*a*）变形垂花门的入口装饰

（*b*）民族装饰符号组合的入口装饰

图 7-9　具有彝族特色的入口装饰方式示意图

2. 门装饰

由于建筑材料的原因，凉山彝族传统民居窗洞很小，室内采光不足，甚至一些高山地区建筑无窗，通过门来采光。门作为出入连接的主要建筑部位，在有着相当多文化禁忌的凉山彝族人看来，门的设计直接影响到他们的生活的各方面，见表 7-6。因此，凉山彝族新民居门的装饰应该体现如下两个方面：

（1）在门的样式上通常有两种选择，一是选择凉山彝族传统门构件的上部分拱形、下部分矩形的基本的传统造型做法；二是采用凉山彝族地区住居建筑中的目前常见的方形造型。

（2）在门的装饰上，门的主要色彩应该保持棕色或者加深形成褐色，在门上局部利用图形符号配合色彩或者直接利用黑、红、黄色彩配搭装饰。同时为了增进门的效果也可增加具有民族特色的门楣，表达出彝族民居的地域性。

具有彝族特色的门装饰方式示意图　　表 7-6

上部拱形下部矩形，两侧增加门楣，刻有民族图案，门色彩采用棕色，门楣局部加深形成褐色。	采用方形门式，以玻璃和木质组合，形成虚实对比，两侧刻有民族图案的门楣并用三色装饰，门板为浅褐色。	将羊角、花草要素母体组合形成民族样式门，同时局部的图案采用黑红黄三色装饰。
	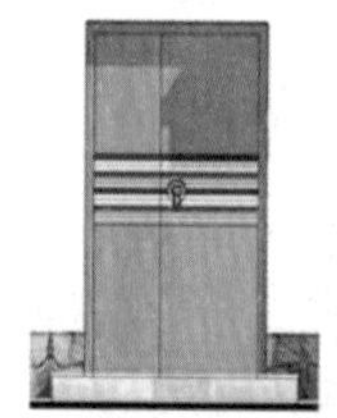	
采用方形门式，整个门采用了红色装饰，同时局部也增加了民族图案并采用黄和黑色装饰。	采用方形门式，整个门采用棕色装饰，在门局部利用红、黄绿装饰，利用高明度、高亮度的色彩烘托民族特色。	采用方形门，将传统花窗和虎图腾组合形成具有民族特色的门样式，整体采用棕色，局部采用黑、黄色彩点缀装饰。

3. 窗装饰

虽然小窗洞作为凉山彝族传统建筑的鲜明特色，但是随着彝族人民对居住环境要求的提升，通过改进建筑窗而改善室内环境是绿色农房设计的必然要求。在设计民居窗时，为了增强窗的民族性应该做到以下几点：

（1）传统花窗在彝族民居中极具代表性，是现代民居设计重要的传承要素。

（2）传统密集的花窗样式在现代民居使用分成两大类，一是将其与窗户结合作为避阳构件物使用，二是将其作为装饰构件使用（盲窗）。

（3）传统密集的木格花窗需要进行简化处理，利用现代的设计手法进行了重构，甚至利用更加简化线条配合色彩体现民族特色。

（4）提取装饰符号植入其中形成一类具有民族特色的窗样式（民族窗），配合装饰色彩极富民族特色。

为了增进窗的效果也可在各类窗中增加具有民族特色的窗楣，按照以上装饰方法上将窗在现代民居使用的类型归纳分成四类：传统密集花窗样式，简化重构花窗样式，

民族窗样式，单纯色彩组合窗样式，见表 7-7。

具有彝族特色的窗装饰方式示意图　　表 7-7

传统花窗样式		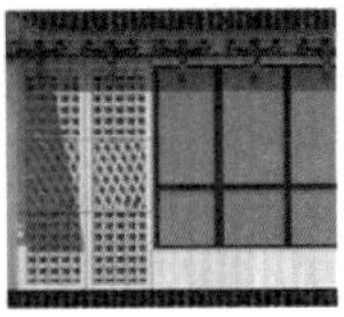	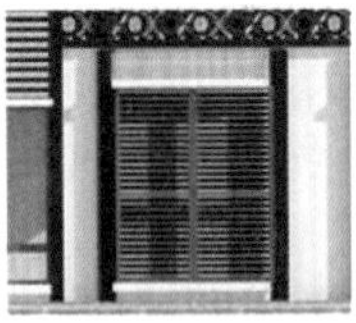
简化重构花窗样式			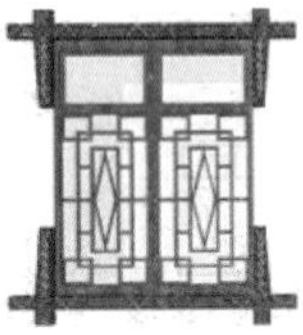
民族窗样式			
单纯色彩组合窗样式	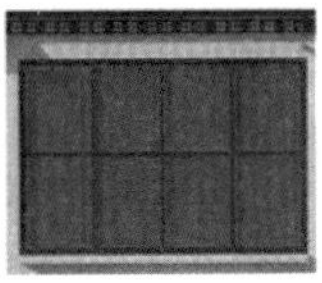	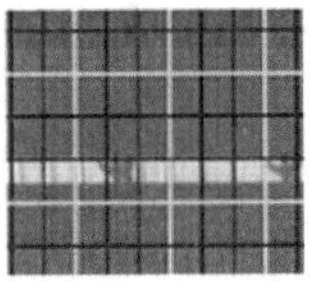	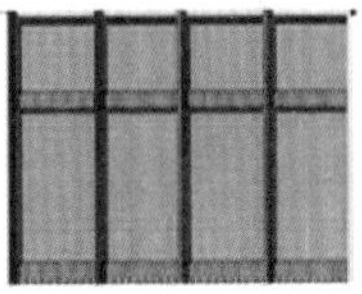

4. 栏杆装饰

凉山彝族传统民居多数为一层建筑，是没有阳台和栏杆的。在将来的凉山彝族农房建设中，由单层向多层发展是必然的趋势，而栏杆也将成为建筑立面装饰的重要部分之一，见表 7-8。

具有彝族特色的栏杆装饰方式示意图　　表 7-8

类型	以彝族色彩组合装饰体现民族特色	以民族符号和色彩体现民族特色
图示一		
图示二		

续表

类型	以彝族色彩组合装饰体现民族特色	以民族符号和色彩体现民族特色
图示三		

凉山彝族特色的栏杆装饰设计应体现如下原则：

（1）阳台栏杆的装饰造型可提取传统的前栅门和花窗的基本造型，进行重构设计形成各种栏杆样式。

（2）将图形符号和色彩融入其中从而凸显栏杆的民族性和地域性特色。

5. 墙面装饰

墙面的装饰从题材来看，主要是将彝族传统文化中纹样图腾、色彩文化以及凉山彝族民俗、生产生活等装饰符号运用在立面设计中以彰显独特的民族文化。从装饰的部位看，装饰符号集中在农房的院墙、山墙、勒脚和墙腰围部位，正立面的装饰更多应该通过门窗栏杆等的装饰体现，避免出现喧宾夺主的现象。

（1）墙面材料色彩与质感

凉山彝族传统民居墙面通常为生土墙和木板墙，在现代民居建筑中已经很难再看见单纯的生土墙，取而代之的是保暖性和坚固性更好的砖墙，为反映民族建筑的地域性和乡土性，通常采用现代的建筑手法对现代建筑材料进行演绎以传承传统建筑的色彩和质感。

乡土特色的设计方法为：采用本地生土材料配合粘合剂和谷草作为混合物作外墙饰面材料，这能够在很大程度上保持传统的建筑色彩和外墙质感，如图 7-10（*a*）所示；为了体现彝族建筑色彩的延续，可用黄色调涂料进行外墙装饰，甚至可以在涂抹时增加相应的其他材料进行拉毛处理，如图 7-10（*b*）所示；建筑表面使用黄色调的带肌理的瓷砖贴面，用更加现代的方法延续传统墙面的色彩和肌理同样具有很强的装饰性。与涂料和黏土混合物材料相比，黄色调的瓷砖贴面更具坚固耐磨、耐腐蚀等优点，从而提升了建筑的使用年限，如图 7-10（*c*）所示。

（2）院墙

院墙作为特殊的空间围合墙体，在建筑立面的装饰艺术上应该具有“透”、“闭”、“透—闭”的不同的装饰特点，同时利用不同的图形符号和色彩符号进行细部点缀，形成别具一格的装饰艺术，如图 7-11 所示。

（*a*）生土抹灰外墙

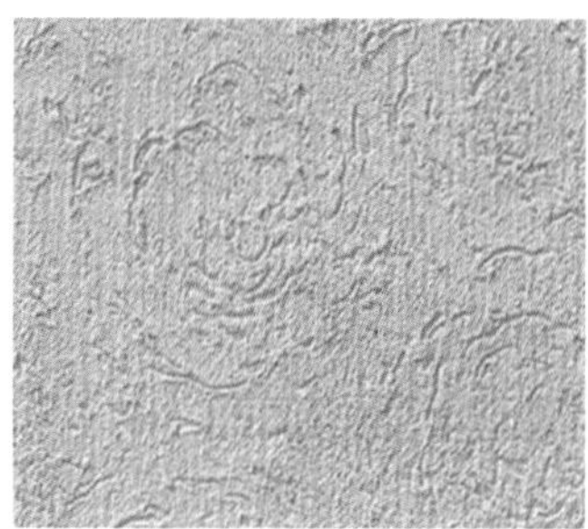

（*b*）黄色涂料模仿肌理和色彩

（*c*）黄色瓷砖模仿肌理和色彩

图 7-10　三种不同方式延续传统墙面肌理和色彩装饰方法

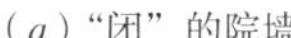

（*a*）“闭”的院墙

（*b*）“透”的院墙

（*c*）“透—闭”的院墙

图 7-11　三种不同围合的院墙装饰方式

（3）山墙

大面积的山墙面显得比较单调，凉山彝族民居为了丰富墙面的单调的山墙空间层次，通常作为民居外部装饰的重要的部位。

在山墙装饰中通常的装饰方式可以细化分成三种，一是通过浮雕或彩绘相关的彝族装饰符号，这种方法不仅起到丰富山墙的装饰作用，而且也向人们展示了彝族文化特色；二是通过现代演绎的手法模仿传统的拱架结构；三是在山墙上利用装饰符号悬挂的方式，见表 7-9。在实际装饰中并不局限以上的其中一种方式，有时以其中一种运用，有时多种组合运用。

具有彝族特色的山墙装饰方式示意图　　　　**表 7-9**

类型	图示一	图示二
模仿拱架结构装饰		

续表

类型	图示一	图示二
图腾符号悬挂装饰		
浮雕或彩绘装饰		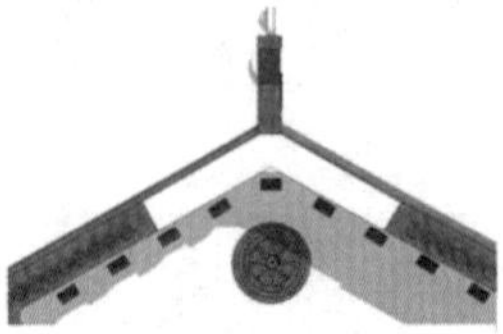

（4）勒脚及墙腰围

勒脚及墙腰围这两处装饰利用图形符号和色彩符号围绕建筑一周形成带状装饰效果。勒脚及墙腰围的带状与立面上檐下空间的檐线（或者穿枋）装饰、封檐板的装饰构成多层级的带状装饰艺术，从立面上看极具艺术特色，如图 7-12 所示。

图 7-12　勒脚、腰围、封檐板形成多层级的带状装饰

6. 外檐装饰

凉山彝族民居外檐，不是只有出挑的檐口，还包括很多室外屋檐下的挑檐枋木构件，它们共同构成了凉山彝族住居建筑特色的装饰艺术。

（1）檐下空间的装饰艺术

凉山彝族传统的檐下空间出挑的挑檐枋木构件配合纹样和色彩在艺术上是传统民

居的重要装饰部位。

挑檐枋木构件细化分成：作为起支撑结构的牛角拱造型的挑檐枋（挑檐枋通常分成 2 挑、3 挑、4 挑、5 挑、最高规格为 6 挑，挑檐枋即牛角拱架构件）；将檩柱下端雕刻成吊瓜，并在两侧沿檐柱方向伸出牛角状撑弓，形成吊瓜牛角撑弓造型（即牛角构件）；穿过整个檐下的穿枋，通常会在端部做成三尖头、牛角等造型。

而在现代的凉山彝族民居设计中，将挑檐枋木构件经过分解后可作为独立装饰构件，重新组合后形成新的檐下空间装饰效果，见表 7-10。

檐下空间挑檐枋组合装饰方式示意　　表 7-10

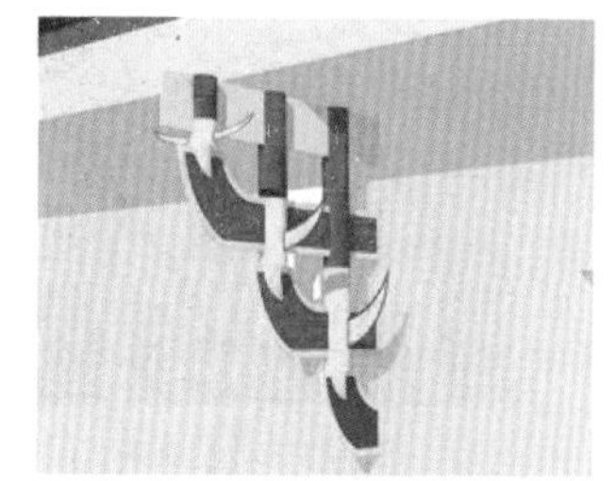	
单一的牛角拱架构件示意	单一的牛角构件装饰示意

牛角拱架与牛角构件组合装饰示意	牛角构件与穿枋组合装饰示意

牛角拱架与穿枋组合装饰示意	牛角拱架、牛角构件、穿枋组合装饰示意

常见方法为：牛角拱架、牛角构件作为单一的构件使用形成装饰艺术；牛角拱架和穿枋、牛角拱架和牛角构件、牛角构件与穿枋，两两组合方式形成装饰艺术；牛角拱架构件、牛角构件、穿枋三种组合使用，形成高级装饰艺术效果。其中牛角拱架构件、牛角构件以及穿枋通过图形符号配合色彩方式以对称、二方连续、四方连续的形式出现彰显彝族民居特色。

（2）檐口与滴水瓦

滴水瓦，一种中式瓦，可以保护外墙的洁净，放在檐口处，在烧制前一般会绘制植物或花卉等，故而凉山彝族民居在滴水瓦的装饰做法有：将具有民族特色的图形符号植入其中进行烧制；随着瓦的制作工艺提升，可以在滴水瓦制作过程将图形符号配合色彩直接烧制，形成独特装饰的滴水瓦装饰艺术效果，如图 7-13 所示。

（*a*）图形符号装饰滴水瓦　　（*b*）图形符号和色彩装饰滴水瓦

图 7-13　檐口处滴水瓦的装饰示意图

（3）封檐板装饰

就封檐板本身装饰而言，主要通过彩绘、雕刻图形符号或者直接采用黑、红、黄进行色彩绘制装饰以体现民族特色，如图 7-14 所示。

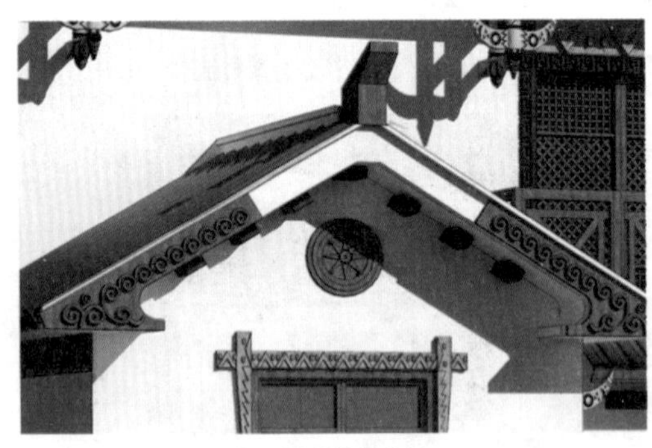

（*a*）图形符号装饰

（*b*）色彩组合装饰

图 7-14　檐口处封檐板的装饰示意图

7. 屋顶装饰

为了实现凉山彝族建筑文化的传承和创新，凉山彝族农房屋顶装饰主要通过屋顶造型、屋顶的色彩和屋脊体现，具体的装饰方法为：

（1）屋顶造型应该延续传统的坡屋顶，出挑檐口。

（2）色彩上采用和传统相吻合的青瓦体现传统的灰色调。

（3）屋脊作为屋顶装饰的重要对象，通常在屋脊上屋脊的两端起翘，主要的造型为牛角，同时在屋脊中心增加装饰符号中的图形符号，主要以抽象的葫芦造型为主，见表 7-11。

屋脊装饰造型做法　　表 7-11

脊中心装饰造型			
脊两端起翘装饰造型			

7.3　彝族农房风貌与现代装饰的融合

现代化并不意味着对凉山彝族传统建筑风貌的破坏，而是基于人居环境的现代化改造，通过现代的建造技术和材料，进行彝族农房结构形式的更新，同样可以再现传统的彝族建筑风貌的特点。同时在新的历史时期文化趋同化背景下，凉山彝族农房风貌的设计应做到以传统文化为根基，在尊重自然、保护生态的前提下，结合现代化的技术手段，通过有效的政策引导，在创新中发展和延续本土文化和风俗，科学地传承民族建筑文脉。

7.3.1　与建筑形式装饰的融合

随着凉山彝族人民对居住环境的更高需求和乡村旅游发展，传统的民居空间组合无法满足现代生活的要求，必须对其更新。而新时期出现的联排农房、商住混合，单栋别墅等多样化的彝族民居，在建筑形态上仍然与传统的建筑装饰形式保持一致，不同的是利用传统的建筑语言进行了重新组合以适应新要求，如图 7-15 所示。

（*a*）新设计的彝族民居形式示意一

（*b*）新设计的彝族民居形式示意二

（*c*）新设计的彝族民居形式示意三

（*d*）新设计的彝族民居形式示意四

图 7-15　新设计的彝族民居与传统形式的融合

7.3.2　与建筑结构装饰的融合

结构设计是支撑空间的重要保证，是建筑工程技术的重要课题，也是建筑进行外装饰的可行性关键因素。结构形式更新后的建筑使得稳定性提升，可以运用装饰构件（能够与房屋主体分离不对房屋的稳定性产生影响）在外部墙体进行彝族建筑文化的表现。而对于采用新结构体系下催生出的梁柱等结构体系外露现象，可以在外露的梁柱等结构处通过装饰色彩和图形符号对其装饰，从而弱化呆板梁柱的结构，达到提升了农房装饰效果，如图 7-16 所示。

图 7-16　外露梁的处理方式示意图

7.3.3　与地域色彩和肌理装饰的融合

地域性的材料塑造出了具有特色的凉山彝族传统民居色彩和肌理，在传统彝族民居中因材料本身的色彩和肌理使得两者是统一的，土质材料混合物褶皱的肌理匹配的是黄色调的色相，木材的纹理匹配的是黄色的色相，随着时间变化，逐步形成褐色。所以，对凉山彝族农房更新设计时，再现凉山彝族传统土木材料的质感和色彩是农房体现凉山彝族的民族特色的重要方法之一。

在现代结构支撑骨架基础下为凉山彝族民居地域色彩和肌理的融合提供了条件，将现代的材料和地方材料进行结合运用在建筑表皮的装饰上，即实现了色彩和肌理的传承,也能保证民居向多层发展的安全性,如图 7-17 所示。而在绿色建筑观念的导向下，以生土为建筑材料的建筑获得了前所未有的发展契机，它集装饰性、生态性与低成本等特性于一体。在满足彝族农房结构形式更新与装饰的现代融合的需求下，生土材料通过与木材、石材、砖材、钢材等材料的组合运用，既可以创造出凉山彝族传统住居的建筑质感和色彩，也可以创造出适应凉山独特气候环境的高品质农房，如以生土材料为主增加一些其他材料，增强生土的保温性、粘合性，作为墙体用材，可以极大提升建筑的保温性能和再现传统住居的建筑质感和色彩。

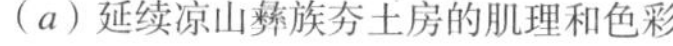

（*a*）延续凉山彝族夯土房的肌理和色彩

（*b*）延续凉山彝族木楞房的肌理和色彩

图 7-17　利用地域材料体现传统民居的色彩和肌理

7.3.4　与建筑门窗及栏杆构件装饰的融合

随着凉山彝族农房结构形式的更新，提升了房屋的稳定性和室内环境的舒适性，使得门窗开启位置、门窗尺度、门窗形式等更加灵活多样。

1. 与门的融合

在体现民族特色的装饰前提下，将入口门扩大尺寸，增加门的宽度和高度或者直接采用双扇门，以适应农业现代化所带来的新型农用工具能够方便进出，如图 7-18 所示。

2. 与窗的融合

在体现民族特色的装饰前提下，凉山彝族农房应该以间为单位，在每一间主要的采光面上设置窗户，窗户的高宽比，根据室内大小进行合理选择。为了传承凉山彝族住居窗的位置特色和增强窗的装饰效果，在不影响建筑整体结构和风貌的前提，可以开小尺度的三角形或者小矩形的高窗装饰，如图 7-19 所示。

图 7-18　双门设置的入口以适应新要求

图 7-19　山墙设置三角形窗做装饰

3. 与栏杆的融合

栏杆作为凉山彝族农房新的建筑构件，将凉山彝族农房结构形式更新与栏杆的装饰现代融合要突出栏杆的民族性，与其他民族形成差异性。单就栏杆装饰而言，凉山彝族农房中的栏杆民族性主要是以样式、装饰符号和色彩实现。而栏杆与建筑的现代融合不能仅仅停留在对单独的栏杆进行民族化设计，而应该统一规划设计建筑造型、建筑结构与栏杆形成有机结合才是关键所在，这样才能有利于栏杆装饰与主体建筑协调。

7.3.5　与挑檐枋木构件装饰的融合

凉山彝族传统民居的生土木构架结构形成，以木柱、木梁为支撑骨架，生土墙为围合墙体，延伸在墙体外面的木支撑骨架拱架，形成了具有彝族特色的装饰，这些装饰是支撑骨架重要组成部分，不可独立存在。但是随着凉山彝族农房结构形式更新，挑檐枋木构件可以独立出来成为单独的装饰构件，仅作为房屋的装饰构件物，不仅扩大了该装饰构件在檐下空间的组合方式，而且可以根据情况对挑檐枋木构件进行分解细化，运用在农房其他部位作装饰艺术，例如将拱架进行重新组合，运用在建筑的入口部位，作为入口部位的装饰，如图 7-20 所示。

图 7-20　拱架重构设计用于入口装饰

7.3.6　与建筑装饰符号的融合

凉山彝族农房与装饰符号的现代融合，普遍是对墙体进行彩绘，但是彩绘的图案会随着时间出现掉色和脱壳的现象，以及彩绘的图案被污染等现象，使得彩绘的装饰性不明显。结构形式更新后的彝族农房与装饰符号的现代融合，可以采用两种方法：

1. 将彝族民族性的图案利用新型材料做成装饰构件的模型采用挂、镶入等形式用于农房装饰，例如水泥图案构件模型使用在勒脚处既可以起到装饰作用也具有保护性功能，同时也增加了装饰符号的使用寿命。

2. 将装饰符号的图案做成贴面瓷砖或者贴纸，直接贴上作为装饰艺术利用。

参考文献

第 1 章

[1] 周静敏，薛思雯，惠丝思，苗青，李伟 . 城市化背景下新农村住宅建设研究现状解析——基于期刊文献统计及实态调查分析方法 . 建筑学报，2011（S2）：121-124.

[2] 成斌 . 凉山彝族民居 . 北京：中国建材工业出版社，2017.4.

[3] 李振宇,周静敏 . 不同地域特色的农村住宅规划设计与建设标准研究 . 北京：中国建筑工业出版社，2013.2.

[4] 陈易，高乃云，张永明，寿青云 . 村镇住宅可持续设计技术 . 北京：中国建筑工业出版社，2013.4.

[5] http：//www.lsz.gov.cn/lszrmzf_new/zjls26/index.shtml

第 2 章

[1] 李振宇，周静敏 . 不同地域特色的农村住宅规划设计与建设标准研究，北京：中国建筑工业出版社，2013.

[2] 陈易，高乃云，张永明，寿青云 . 村镇住宅可持续设计技术 . 北京：中国建筑工业出版社，2013.

[3] 骆中钊，胡燕，宋效巍 . 小城镇住宅建筑设计 . 北京：化学工业出版社，2011.

[4] 北京土木建筑学会 . 新农村建设规划设计与管理 . 北京：中国电力出版社，2008.

[5] 骆中钊 . 新农村建设规划与住宅设计 . 北京：中国电力出版社，2013.

[6] 赵小龙 . 居住建筑设计 . 北京：冶金工业出版社，2013.

[7] 董娟 . 基于地域因素分析的可持续村镇住宅设计理论与方法：[博士学位论文] 同济大学，2010.

[8] 卢济威，王海松 . 山地建筑设计 . 北京：中国建筑工业出版社，2001.

[9] 王其亨，风水理论研究，天津：天津大学出版社，1992.

[10] http：//www.lsz.gov.cn/lszrmzf_new/zjls26/index.shtml

[11] http：//jiuban.moa.gov.cn/zwllm/zcfg/dffg/201702/t20170214_5475097.htm

第 3 章 参考文献

[1] 陈易，高乃云，张永明等 . 村镇住宅可持续设计技术 . 北京：中国建筑工业出版社，2013.

[2] 骆中钊 . 新农村建设规划与住宅设计 . 北京：中国电力出版社，2013.

[3] 骆中钊，胡燕，宋效巍 . 小城镇住宅建筑设计 . 北京：化学工业出版社，2011.

[4] 北京土木建筑学会 . 新农村建设规划设计与管理 . 北京：中国电力出版社，2008.

[5] 成斌 . 凉山彝族民居 . 北京：中国建材工业出版社，2017.

[6] 张志刚，魏璠 . 节能住宅太阳能技术 . 北京：中国建筑工业出版社，2015.

[7] 赵小龙 . 居住建筑设计 . 北京：冶金工业出版社，2013.

[8] http：//www.lsz.gov.cn/lszrmzf_new/zjls26/index.shtml

[9] 北京土木建筑学会 . 新农村建设建筑节能技术 . 北京：中国电力出版社，2008.

[10] http：//www.zhongguochengtong.com/product-3.html

[11] http：//zhongrongjz.com/proshow.asp?id=68

[12] http：//www.shjazs.com/photoview-77.html

[13] http：//shop.jc001.cn/781220/case/73806.html

[14] http：//www.huishangbao.com/news/jiajuyongpin/199361.html

[15] http：//www.micoe.com/cngc/bjpgjjgbsfhscngc.shtml

[16] http：//www.heluoluye.com/newshow.asp?Cid=496&sid=517&PID=1783

[17] http：//www.heluoluye.com/newshow.asp?Cid=496&sid=516&PID=1717

[18] http：//www.scmyxaz.com/news/7.html

[19] http：//www.dcf88.com/dcfyl/739.html

第 4 章

[1] 谭婷 . 浅析适合于新农村的小型污水处理技术 . 中华民居，2012（02）：170-171.

[2] 李长利 . 新农村建设水为先 . 北京水务，2006（05）：7-10.

[3] 傅阳，纪荣平 . 农村小型生活污水处理技术研究进展 . 污染防治技术，2011，24（02）：39-41.

[4] 孙蕾 . 小型污水处理设施在农村水环境治理中的应用 . 给水排水，2014，50（S1）：193-196.

[5] 宗绍宇，魏范凯，梁类钧 . 农村的雨水综合利用 . 中国水运（下半月），2008（07）：89-90.

[6] 北京土木建筑学会等 . 新农村建设：给排水工程及节水 . 北京：中国电力出版社，2008.1.

[7] 杨铭，王志峰，杨旭东 . 我国农村地区太阳能利用方式和原则 . 建设科技，2012（09）：33-35.

[8] 王芳 . 简阳市水资源合理配置研究 . 四川农业大学，2013.

[9] 杨庆光 . 楚雄彝族传统民居及其聚落研究 . 昆明理工大学，2008.

[10] 丁明 . 节水政策下农村生活供水技术分析 . 建材与装饰，2015（52）：289-290.

[11] 赵振懿，张影 . 节水潜力及不同节水方案的拟定探究 . 黑龙江水利科技，2016，44（10）：33-35.

第 5 章

[1] 成斌 . 凉山彝族民居 . 北京：中国建材工业出版社，2017.04.

[2] 陈剑峰、杨红玉 . 生态建筑材料 . 北京：北京大学出版社，2011.10.

[3] 赵士永、强明、付素娟著 . 村镇绿色小康住宅技术集成 . 北京：中国建材工业出版社，2017.03.

[4] 柏文峰 . 云南民居结构更新与天然建材可持续利用 . 清华大学 . 2009.

[5] 温泉 . 西南彝族传统聚落与建筑研究 . 重庆大学 . 2015.

[6] 林晨 . 云南彝族民居的建构技艺启示 . 昆明理工大学 . 2012.

[7] 白一凡 云贵地区乡土民居建筑表皮的生态性研究 . 上海交通大学 . 2011.

[8] 刘妍 . “栋梁之材”与人类学视角下的凉山彝族建筑营造 . 建筑学报 . 2016（01）：048-053.

第 6 章

[1] GB 50011-2010 建筑抗震设计规范 . 2010.

[2] 谭冠平 . 宁洱 6.4 级地震砖混结构房屋震害特征及分析 . 四川建筑科学研究，2007，33（A1）：26-30.

[3] 黄辰蕾 . 木构架土坯墙结构农房振动台试验研究 . 城市建筑，2015，（23）：51.

[4] 董俊国 . 浅析中国传统古建筑木结构的抗震概念设计片 . 黑龙江交通科技，2011，34（4）：97.

[5] 吴志强 . 西南片区传统木结构农房体系研究 . 建筑工程技术与设计，2016，（21）：2615.

[6] 何玲，潘文，杨正海等 . 单层穿斗木农房的抗震性能研究 . 建筑技术开发，2007，（6）：24-27.

[7] 黄辰蕾，贺永亮 . 砌筑灰膏 - 土坯墙结构农房振动台试验研究 . 智能城市，（7）：26.

[8] 王玢，迟芬芬，高广飞等 . 陕西凤县县城周边农村农房抗震效果研究及优化 . 价值工程，2011，（13）：78-79.

[9] 冯薇，刘燕德 . 生土结构农房抗震设计 . 安徽农业科学杂志，2008，（32）：14350-14351.

[10] 黄辰蕾 . 四川省马鞍桥村夯土农房抗震性能研究 . 工业 C，2015，（51）：141-142.

[11] 崔娟娟，康琳琳，彭靖 . 乡村民居抗震能力调查与研究 . 商情，2011，（37），35.

[12] 杨永强，公茂盛，谢礼立 . 芦山 M7.0 级地震中砖混结构民居震害特征分析 . 建筑结构，2014，44（18）：68-70.

[13] 魏建友，陈日雄 . 增砌墙体加固农宅前纵墙抗震性能试验研究 . 施工技术，2015，（A2），641-644.

[14] 范迪璞，张淑琴，施海伦 . 村镇房屋抗震与设计 . 北京：科学出版社，1991.

[15] 李英民，刘立平，郑妮娜等 . 村镇建筑实用抗震技术 . 重庆：重庆大学出版社，2009.

[16] 陈忠范，郑怡，沈小俊等 . 村镇生土结构建筑抗震技术手册 . 南京：东南大学出版社，2012.

[17] 陆伟东，刘杏杏，岳孔等 . 村镇木结构建筑抗震技术手册 . 南京：东南大学出版社，2014.

[18] 陈忠范，陆飞，黄际洸 . 村镇砌体结构建筑抗震技术手册 . 南京：东南大学出版社，2012.

[19] JGJ161-2008. 镇（乡）建筑抗震技术规程 . 中华人民共和国住房和城乡建设部，2008.

[20] 汶川地震灾后农房恢复重建技术导则（试行）. 中华人民共和国住房和城乡建设部，2008.

[21] DBJ51/016-2013 四川省农村居住建筑抗震技术规程 . 四川省住房和城乡建设厅 . 2013.

[22] DBJT20-63 四川省农村居住建筑抗震构造图集 . 四川省住房和城乡建设厅 . 2014.

[23] 四川省农村居住建筑抗震设计技术导则 . 四川省住房和城乡建设厅 . 2013.

[24] 肖承波，高永昭，吴体．四川村镇典型砖砌体房屋抗震构造措施研究．四川建筑科学研究，2007（增刊）．

[25] 刘挺．生土结构房屋的墙体受力性能试验研究．长安大学 [硕士学位论文]，2006.

[26] 叶肇恒，宴金旭，杨璐瑶．四川省藏式民居震害特征研究．四川地震，2017（165）：24-29.

第 7 章 参考文献

[1] 侯宝石．凉山彝族民居建筑及其文化现象探讨．重庆大学，2004.

[2] 徐铭．毕摩文化论．西南民族学院学报（哲学社会科学版），1989（03）：81-88+67.

[3] 杜欢．凉山彝族传统民居造型与色彩研究．重庆大学，2009.

[4] 成斌．凉山彝族民居．北京：中国建材工业出版社，2017.

[5] 倪锡婷．凉山彝族文化背景下西昌地区景区小型酒店外部装饰设计研究．西南交通大学，2016.

[6] 马吉石子，刘艳梅．凉山彝族新村建设中传统建筑文化传承的几点思考．住宅科技，2015，35（01）：48-52.